中等职业学校汽车运用与维修专业教学用书

钳工实训

(第3版)

石德勇　主　编
曹兴举　副主编

人民交通出版社股份有限公司
北　京

内 容 提 要

本书是中等职业学校汽车运用与维修专业教学用书。主要内容包括:钳工常用量具与设备使用,平面划线,錾削,锉削,锯割,钻孔,攻、套螺纹,刮削和综合作业,共计九个实训项目。

本书适用于中等职业院校汽车运用与维修专业的教学,亦可供其他相关专业教师、学生参考使用。

图书在版编目(CIP)数据

钳工实训/石德勇主编. —3 版. —北京:人民交通出版社股份有限公司,2021. 8

ISBN 978-7-114-17407-0

Ⅰ. ①钳…　Ⅱ. ①石…　Ⅲ. ①钳工—中等专业学校—教材　Ⅳ. ①TG9

中国版本图书馆 CIP 数据核字(2021)第 117028 号

Qiangong Shixun

书　　名:钳工实训(第 3 版)
著 作 者:石德勇
责任编辑:李　良
责任校对:孙国靖　魏佳宁
责任印制:刘高彤
出版发行:人民交通出版社股份有限公司
地　　址:(100011)北京市朝阳区安定门外外馆斜街 3 号
网　　址:http://www.ccpcl.com.cn
销售电话:(010)59757973
总 经 销:人民交通出版社股份有限公司发行部
经　　销:各地新华书店
印　　刷:北京市密东印刷有限公司
开　　本:787 × 1092　1/16
印　　张:8
字　　数:128 千
版　　次:2005 年 6 月　第 1 版
2015 年 9 月　第 2 版
2021 年 8 月　第 3 版
印　　次:2024 年 1 月　第 3 版　第 2 次印刷　累计第 17 次印刷
书　　号:ISBN 978-7-114-17407-0
定　　价:22.00 元
(有印刷、装订质量问题的图书,由本公司负责调换)

第3版前言

本教材是中等职业学校汽车运用与维修专业教学用书一，教材自2005年第1版出版发行以来，以其结合生产实际、体现以人为本的现代理念、注重对学生创新能力的培养和具有较强针对性等特点，受到了广大职业院校师生的欢迎。

为贯彻《教育部关于深化职业教育教学改革全面提高人才培养质量的若干意见》提出的"对接最新职业标准、行业标准和岗位规范，紧贴岗位实际工作过程，调整课程结构，更新课程内容，深化多种模式的课程改革"，响应国家对于汽车运用技术领域高素质专业实用人才培养的需要，更好地贴近汽车运用与维修专业实际教学目标，故人民交通出版社股份有限公司对本套教材进行了修订。本次修订以《中等职业学校专业教学标准(试行)》为标准，以职业教育人才培养模式和宗旨为导向，注重实践能力的培养，吸收教材使用院校师生的意见和建议，经过与编者的认真研究和讨论，确定了修订内容。

《钳工实训》是汽车运用与维修专业课程之一。基于当前汽车维修企业维修技能的需要，立足教学实际，以典型的技能要点作为实训单元，针对技能点展开实训教学。本教材语言通俗易懂，对实训内容进行理论说明讲解，教材主要内容包括：钳工常用量具与设备使用，平面划线，錾削，锉削，锯割，钻孔，攻、套螺纹，刮削，综合作业，共计九个实训。实训过程每个关键步骤配以图片和文字，提供了钳工人员所需的基本知识与实训技能训练操作方法，同时引用了当前流行的教学方法、组织模式，便于教师进行实训教学组织，每个实训项目都配有学生实训考核表，可供钳工实训类课程教学参考。

本书由新疆交通职业技术学院石德勇担任主编，新疆交通职业技术学院曹兴举担任副主编，编写分工为：石德勇编写实训一、实训二、实训三、实训九，曹兴举编写实训四、实训五，新疆交通职业技术学院杨意品编写实训六、实训七，新疆交通职业技术学院张玺编写实训八。

限于编者经历和水平，教材内容难以覆盖全国各地中等职业院校的实际情况，希望各学校在选用和推广本系列教材的同时，注重总结教学经验，及时提出修改意见和建议，以便再版修订时改正。

编　者

2021年3月

CONTENTS

目录

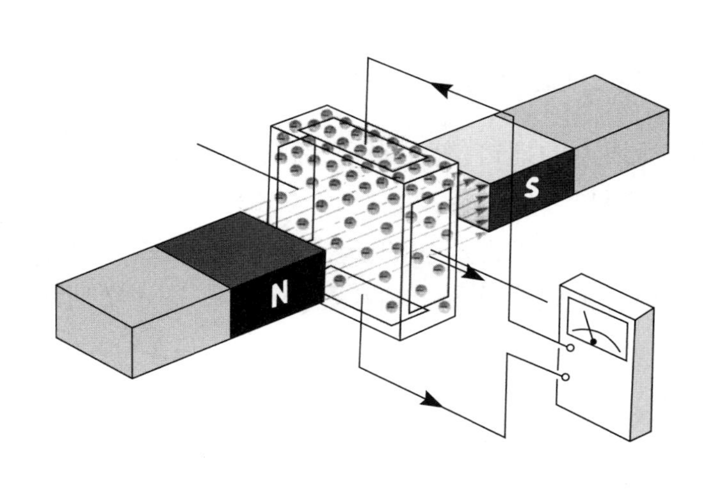

实训一

钳工常用量具与设备使用

一、实训目标

通过本实训,了解钳工常用量具与设备的基本结构组成、作用、原理及特点;学会正确使用钳工常用量具与设备,能够准确读取数值。

二、相关知识

(一)钳工常用量具的使用

量具是用来测量、检验零件及产品的尺寸、形状或性能的工具,是钳工在加工、装配、修理及调试中必然用到的基本工具。量具的种类很多,主要有游标类量具、螺旋测微量具、机械式测微量具、角度量具以及各种量规等。

1. 普通游标卡尺

普通游标卡尺是一种中等测量精度的量具,能直接测量工件外径、内径、宽度、长度、高度、深度等。

1)游标卡尺的结构

如图 1-1 所示,游标卡尺的读数装置是由主尺和副尺两部分组成,当副尺量爪与主尺量爪密合时,副尺零线与主尺零线对准。在量取工件尺寸时,向右移动副尺使副尺量爪与主尺量爪离开并与被测面接触。当需要微动调节时,先拧紧滑块上的螺钉,然后松开副尺上的螺钉,转动微调螺母,通过螺杆使副尺微动。量得尺寸后,可拧紧副尺上的螺钉使副尺紧固,这时两个量爪之间的距离即为工件尺寸。工件尺寸的毫米(mm)整数部分可由主尺刻度读出,毫米(mm)小数部分可由副尺及主尺相互配合读出。图1-2所示为带有测深杆的游标卡尺。

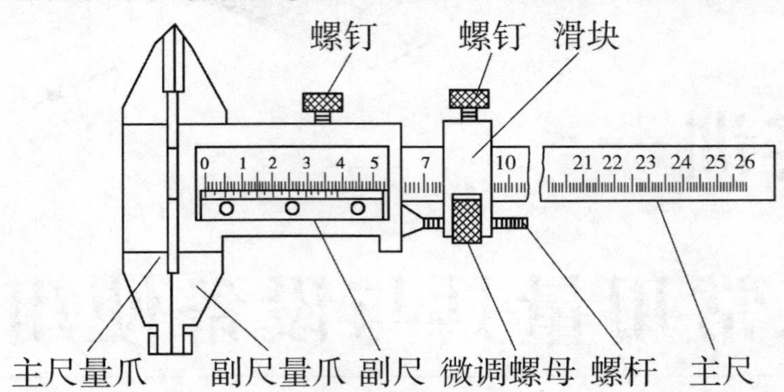

图1-1　游标卡尺

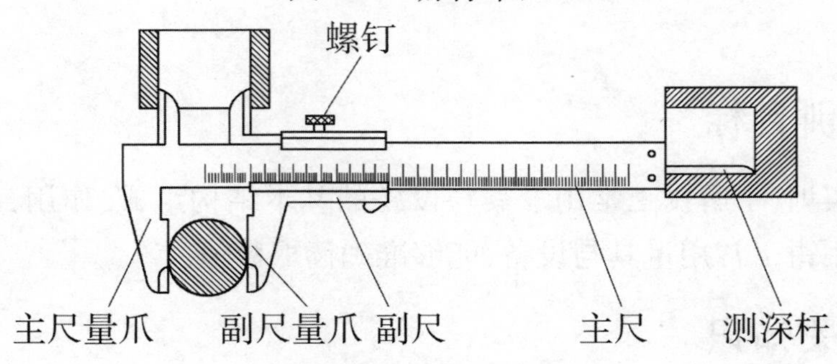

图1-2　带有测深杆的游标卡尺

游标卡尺测量范围可分为:0~125mm、0~150mm、0~200mm、0~300mm、0~500mm等,最大可测至3000mm。

游标卡尺的测量精度可分为:0.1mm、0.05mm、0.02mm三种规格。这三个数值就是卡尺所能量得的最小读数精确值。目前常用的游标卡尺其测量精度为0.02mm。

2)游标卡尺的刻线原理(以测量精度为0.02mm的游标卡尺为例)

主尺上每小格为1mm。主尺上的49mm,正好等于副尺上的50格。副尺每小格是:49÷50=0.98(mm)。主尺与副尺每格相差1-0.98=0.02(mm),如图1-3所示。

3)读数方法

(1)首先读出副尺零刻线左边所指示主尺上刻线的毫米(mm)整数。

(2)观察副尺上第几条刻线与主尺某一刻线对准,将游标精度乘以副尺上的格数,即为毫米(mm)的小数值。

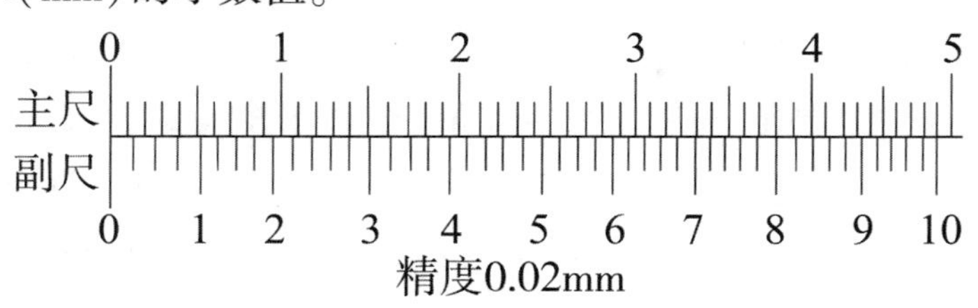

图 1-3 游标卡尺的刻线原理

(3)将主尺上整数和副尺上的小数值相加即得被测工件的尺寸,如图 1-4 所示。

工件尺寸 = 主尺整数 + 游标卡尺精度 × 副尺格数

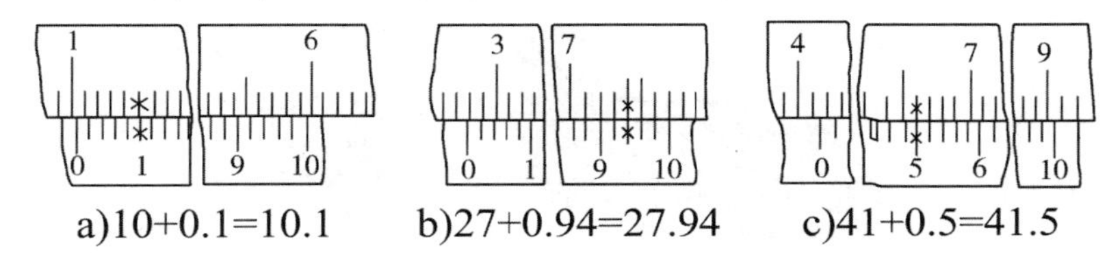

图 1-4 游标卡尺读数

2. 外径千分尺

外径千分尺,是一种用于测量加工精度要求较高的精密量具,其测量精度可达到 0.01mm,根据外径千分尺测量范围的大小,分为 0 ~ 25mm、25 ~ 50mm、50 ~ 75mm、75 ~ 100mm、100 ~ 125mm 等。

1)外径千分尺结构

外径千分尺结构如图 1-5 所示,外径千分尺的固定套筒(主尺)的表面刻有刻度,衬套内有螺纹,螺距为 0.5mm,测微螺杆右面的螺纹可沿此内螺纹回转。在固定套筒的外面有一活动套筒(副尺),上面刻有刻线,它用锥孔与测微螺杆右端锥体相连。测微螺杆在转动时的松紧度可用螺母调节。当要测微螺杆固定不动时,可转动手柄通过偏心机构锁紧。松开罩壳时,可使测微螺杆与活动套筒分离,以便调整零线位置。转动棘轮,测微螺杆就会前进。当测微螺杆左端面接触工件时,棘轮在棘爪的斜面上打滑,由于弹簧的作用,使棘轮在棘爪上划过而发出咔咔声。如果棘轮以相反方向转动,则拨动棘爪和活动套筒以及测微螺杆转动,使测微螺杆向右移动。棘轮用螺钉与罩壳连接。

2)外径千分尺的刻线原理

外径千分尺是将活动套筒(副尺)上的刻度由角度位移变为直线位移。测微螺杆的螺距为 0.5mm。在固定套筒(主尺)上刻有一条中心刻度线,这条线是活动套筒(副尺)的读数基准线。在该线上下各刻有一排间距为1mm的刻度线,上下相互错开0.5mm。其中上一排刻线刻有0、5、10、15、25,是表示毫米(mm)整数值;相对的下一排刻线是上排刻线的中间值,俗称半刻度。活动套筒(副尺)每转一周所移动的距离正好等于固定套筒(主尺)上一格的一半,即为0.5mm。将活动套筒(副尺)沿圆周等分成50个小格,转动1/50周(一小格),则移动距离为0.5×1/50=0.01(mm)。

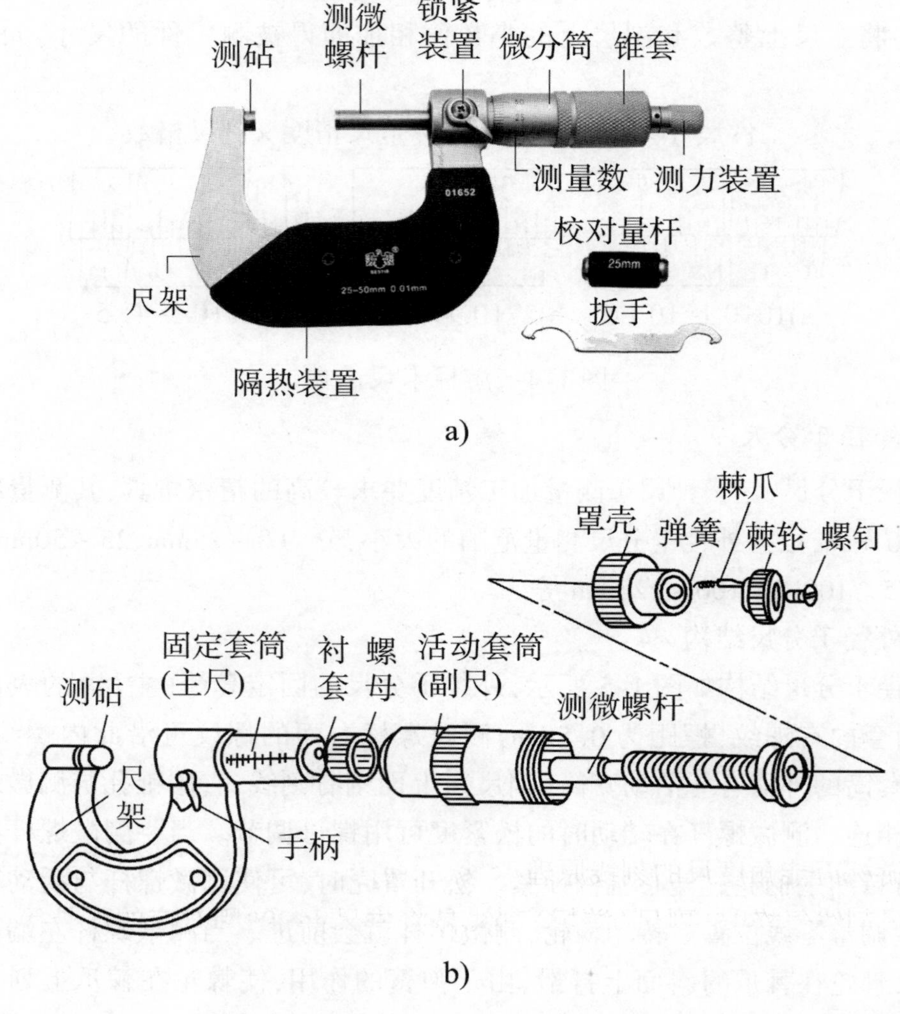

图1-5 外径千分尺

活动套筒(副尺)每旋转1个小格,外径千分尺测量活动段伸出或缩进0.01mm。

读数规则:从固定套筒(主尺)上能读出1mm整数和0.5mm,从活动套筒(副尺)能读出精确到0.01mm的小数。读数实例如图1-6所示。

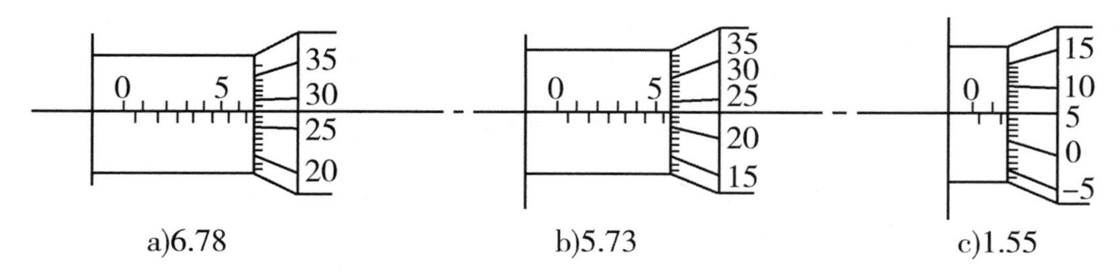

图 1-6　外径千分尺的读数

3）读数方法

（1）先从固定套筒（主尺）上露出的刻线读出工件的毫米（mm）整数和0.5mm整数。

（2）再从活动套筒（副尺）上由固定套筒（主尺）主刻度线所对准的刻线读出工件的小数部分（百分之几毫米）。

（3）将两次读数相加就是工件的测量尺寸（图 1-6）。

3. 游标万能角度尺

游标万能角度尺是用来测量工件内、外角度的量具，按游标的测量精度分为 2′和 5′两种，其示值误差分别为 ±2′和 ±5′，测量范围为 0° ~ 320°。目前常用的游标万能角度尺精度为 2′。

1）游标万能角度尺的结构

游标万能角度尺的结构如图 1-7 所示，是由有角度刻线的主尺和固定在扇形板上的副尺（游标）所组成。扇形板可以在主尺上回转摆动，形成和游标卡尺相似的结构。直角尺可用套箍固定在扇形板上，直尺用套箍固定在直角尺上，直尺和直角尺都可以滑动。如拆下直角尺，也可将直尺固定在扇形板上。可以自由装卸和改变装法，如图 1-8 所示。游标万能角度尺不同的安装方式所能测量的范围是 0° ~ 50°、50° ~ 140°、140° ~ 230°、230° ~ 320°等几种。

2）游标万能角度尺的刻线原理

主尺刻线每格 1°，副尺（游标）刻线是将主尺上 29°所对应的弧长等分为 30 格，每格所对的角度为 29°/30，因此副尺（游标）上 1 格与主尺上 1 格相差：$1 - 29/30 = 1/30(°) = 60/30(′) = 2(′)$，即游标万能角度尺的测量精度为 2′。

3）读数方法

游标万能角度尺的读数方法和游标卡尺相似，先从主尺上读出副尺（游标）零线前被测量的整度数，再从游标上读出角度“分”的数值，两者相加就是被测角的数值。

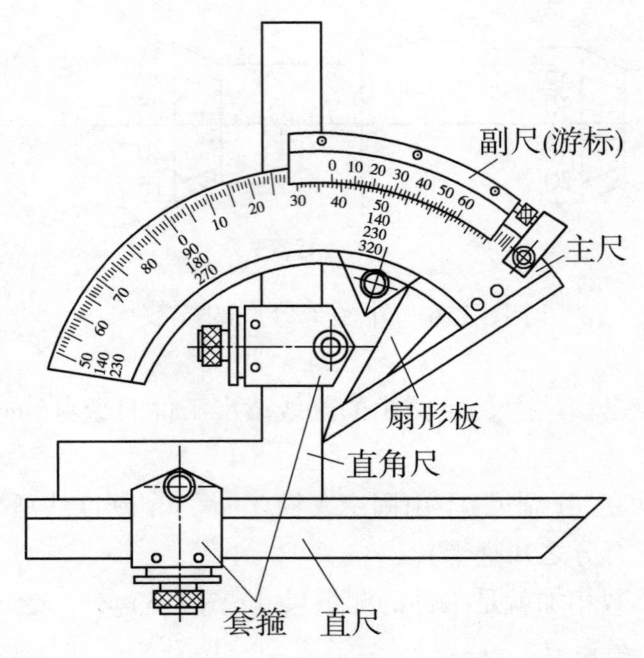

图 1-7　游标万能角度尺

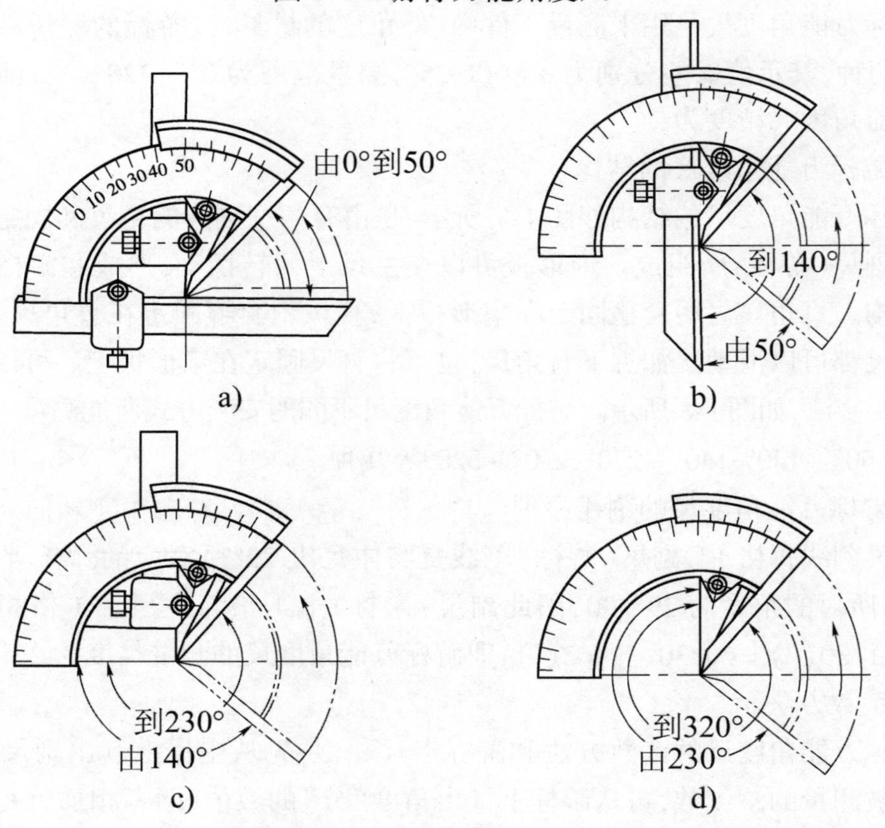

图 1-8　游标万能角度尺不同的安装方式所能测量的范围

4. 高度游标卡尺

高度游标卡尺是一种精密测量量具,精度一般为 0.02mm。

高度游标卡尺既可以测量工件的高度,同时也可以用来直接在零件表面进行划线。读数方法与普通游标卡尺相同。

(二)钳工常用设备的使用

1. 工作台(钳台)

钳台是钳工专用的工作台,是用来安装台虎钳、放置工具和工件的。钳台有多种样式,有木制的,有铁制的,其高度为 800 ~ 900mm,长度和宽度可随工作需要而定。钳台一般有几个抽屉,用来收藏工具,如图 1-9 所示。台虎钳装在台面上,高度恰好与人的肘端相等,如图 1-10 所示。

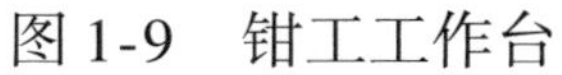

图 1-9　钳工工作台

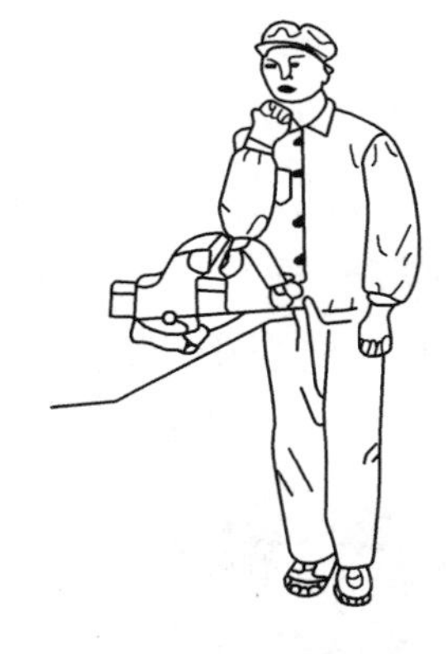

图 1-10　台虎钳高度确定

钳台要保持清洁,各种工具、量具和工件的放置要有秩序,便于操作和保证安全。

2. 台虎钳

台虎钳是一种安装在工作台上夹持工件用的夹具。有固定式和回转式两种结构类型,如图 1-11 所示。台虎钳的大小是以钳口的长度来定的,常用的有 100mm、125mm、150mm 三种规格。

台虎钳在使用时应注意的事项:

(1)夹紧工件时松紧要适当,只能用手的力量拧紧台虎钳的手柄,而不能借助于工具加力,目的是防止丝杆与螺母及钳身受损坏和夹坏工件表面。

(2)不能在活动钳身的光滑平面上敲击作业,以防破坏它与固定钳身的配合性能。

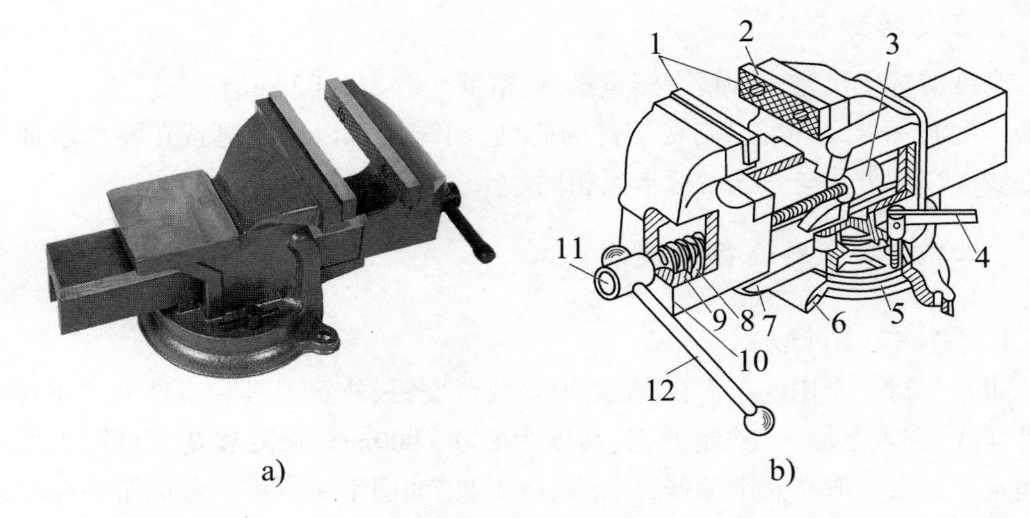

图 1-11　台虎钳

1-钢制钳口;2-螺钉;3-螺母;4-小手柄;5-加紧盘;6-转盘底盘;7-固定钳身;8-挡圈;9-弹簧;10-活动钳身;11-丝杆;12-手柄

(3)对丝杆、螺母等活动部件,应经常清洁、润滑,以防生锈。

(4)经常检查台虎钳的加紧盘、转盘底盘、钳身等铸铁件是否有裂纹和破损,以防止在使用过程中出现安全隐患。如有损坏,应立刻更换。

图 1-12　砂轮机

3. *砂轮机*

砂轮机是用来刃磨钻头、錾子、刮刀等刀具和其他工具的专用设备。由电动机、砂轮和机体组成,如图 1-12 所示。

砂轮的质地硬而脆,转速较高,使用时应遵守安全操作规程,严防砂轮碎裂,造成伤人事故。

砂轮机在使用过程中应注意的事项:

(1)砂轮的旋转方向应正确,使磨屑向下方飞离砂轮。

(2)启动后,待砂轮转速达到正常后才能进行磨削。

(3)磨削时要防止刀具或工件对砂轮发生剧烈碰撞或施加过大的压力。砂轮应经常用修整器修整,保持砂轮表面的平整。

(4)磨削时,操作者应站立在砂轮的侧面或斜侧面,不要站在砂轮的正面。

(5)为了避免铁屑飞溅伤害眼睛,磨削时必须戴好防护眼镜。

(6)不可用棉纱裹住工件或戴手套进行磨削,以免棉纱或手套卷入砂轮机内而发生事故。

4. 钻床

具体内容在实训六中介绍。

(三)钳工常用工具的使用

1. 扳手

扳手是用来紧固和旋松螺栓、螺母的工具。扳手主要有活动扳手、梅花扳手、开口扳手、扭力扳手、套筒扳手、内六角扳手、管钳等,如图 1-13 所示。

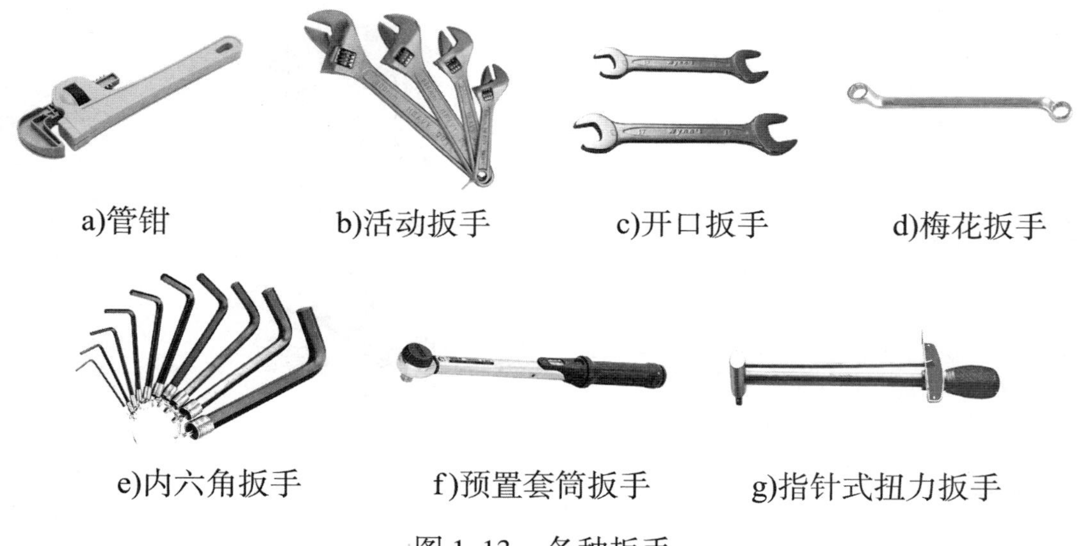

a)管钳　b)活动扳手　c)开口扳手　d)梅花扳手

e)内六角扳手　f)预置套筒扳手　g)指针式扭力扳手

图 1-13　各种扳手

使用中,根据螺栓、螺母的位置选用扳手。优先选用套筒扳手,其次选择梅花扳手,开口扳手。在紧固和旋松不规则的螺栓、螺母时选用活动扳手。用管钳紧固和旋松螺栓、螺母时会对螺栓、螺母造成损坏,一般不建议采用。

2. 旋具

旋具是用来紧固和旋松螺钉的工具。旋具前端有十字形、一字形、六花形等,如图 1-14 所示。

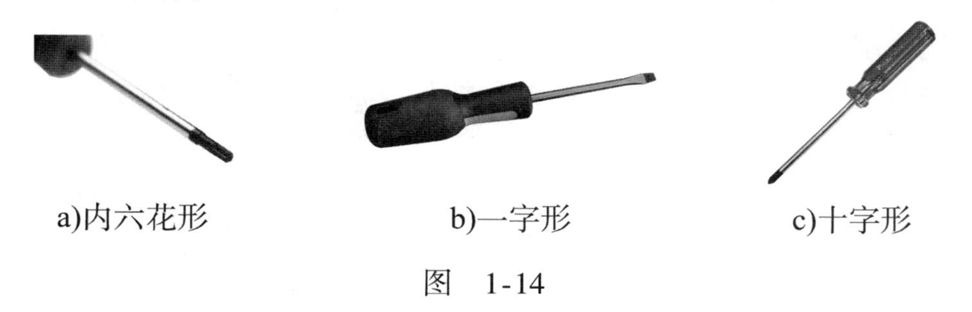

a)内六花形　b)一字形　c)十字形

图　1-14

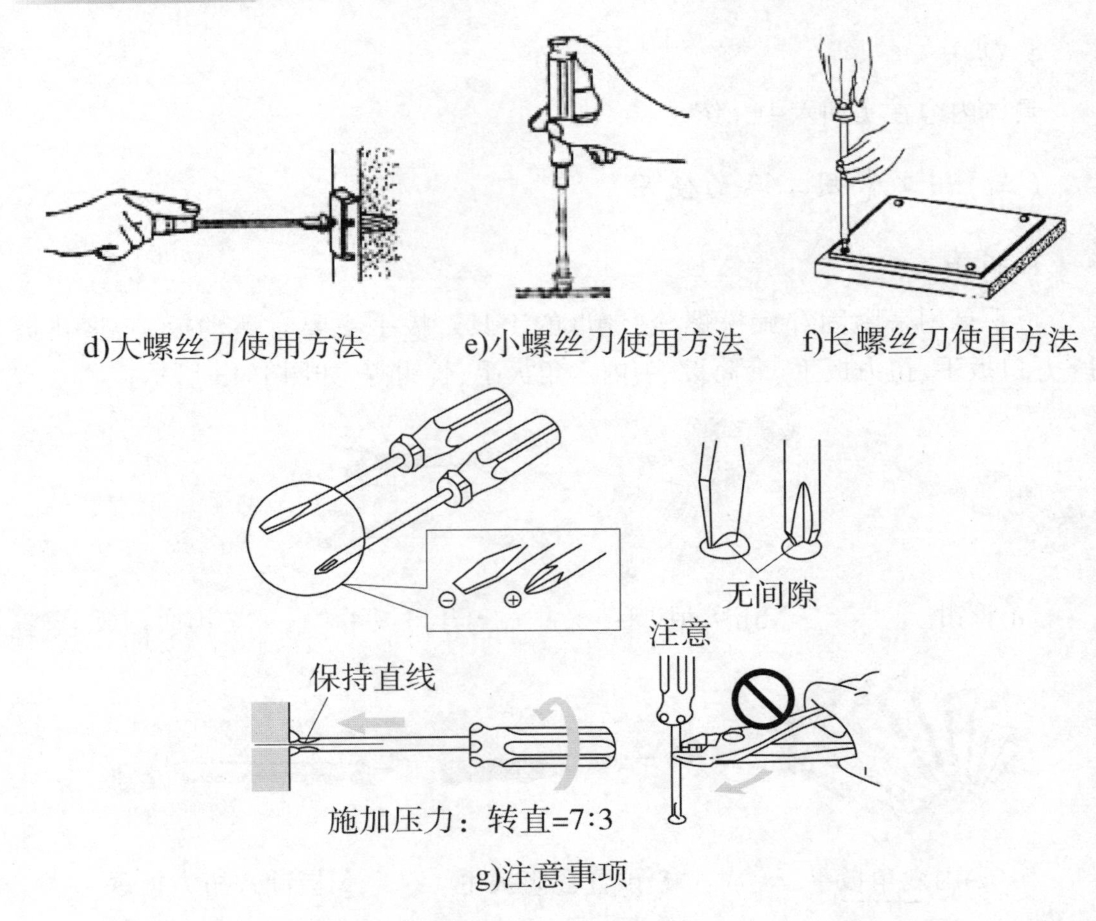

图1-14　各种旋具

旋具使用的原则:使用时应注意选择与螺钉槽相同且大小规格相应的螺丝刀,以免损坏螺钉槽。

旋具不能作为撬棒使用。

旋具杆为非贯通式的旋具,不能用手锤敲击后侧,以免损坏旋具手柄。

3. 手锤

手锤是用来对部件进行敲击和振动的工具。可用来拆除或安装部件,也可以通过敲击声判断部件是否有裂纹等损伤。手锤按照锤头材料分类可分为硬质手锤和软质手锤。软质手锤一般有木锤、橡胶锤等,如图1-15所示。

手锤的使用原则:

(1)在使用时必须要保证锤子锤头与木柄连接牢固,若是发现连接不牢固的情况不得使用,必须在连接牢固后才能使用。

(2)为了安全,在使用手捶时,必须要注意周围不能有人站立,同时其他人在使用手锤时,自己也不要站在附近。

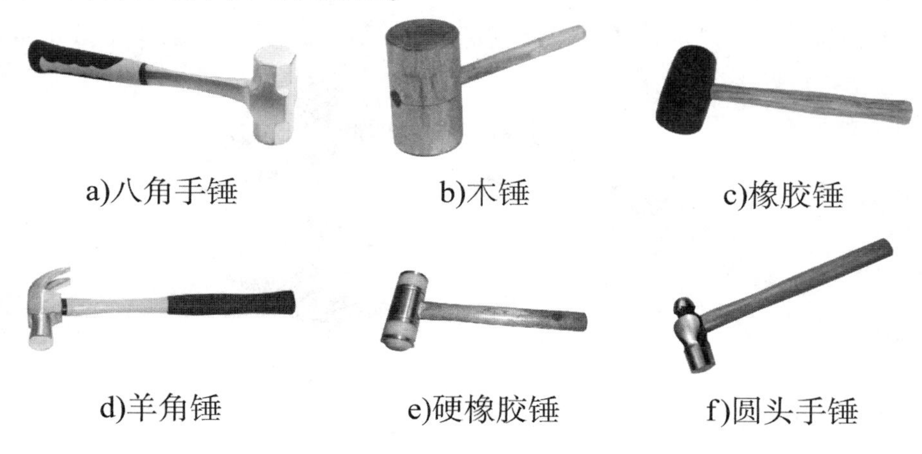

a)八角手锤　b)木锤　c)橡胶锤

d)羊角锤　e)硬橡胶锤　f)圆头手锤

图 1-15　手锤

(3)如发现锤头有裂痕或者毛刺,需要及时修复。

(4)使用手锤时,手柄部分不能沾有油污、水分,以免在敲击过程中手锤滑出。

手捶使用方法如图 1-16 所示。

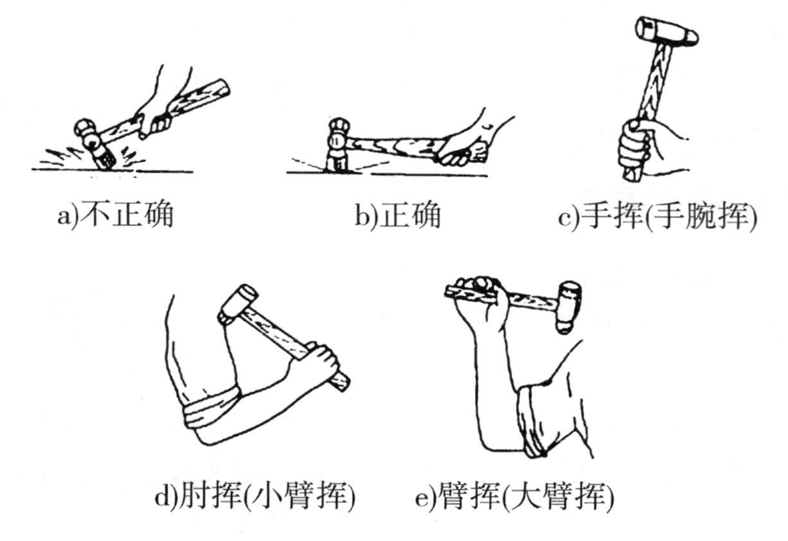

a)不正确　b)正确　c)手挥(手腕挥)

d)肘挥(小臂挥)　e)臂挥(大臂挥)

图 1-16　手锤的使用方法

4. 手钳

手钳是用来对工件进行夹持、折弯和剪断金属丝的手工工具。在对工件加工过程中使其保持稳定可靠。手钳一般有以下几种,如图 1-17 所示。

手钳的使用原则:

(1)要根据被夹持或折弯的工件,选择合适的手钳,否则,有可能损坏钳口。

(2)手钳不能用作手锤。

(3)手钳使用时,只能用手部力量握紧,不能在钳柄部位施加其他外力。

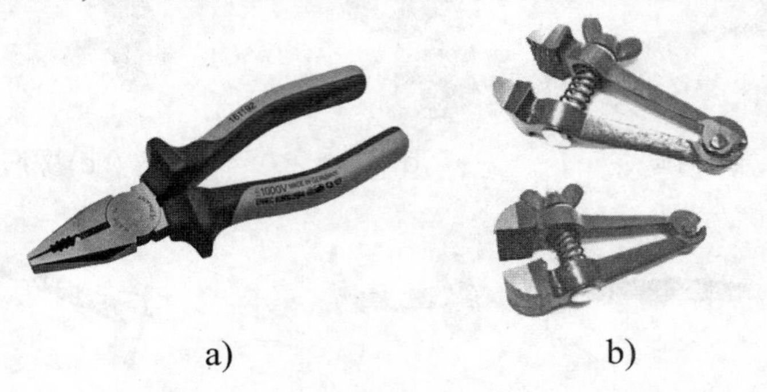

a) b)

图 1-17 手钳

三、实训组织

本实训所用学时为 4 学时,每位学生 1 个工位。

四、实训准备

本实训按 2 ~ 3 人配备游标卡尺、外径千分尺、游标万能角度尺各 1 套;配备砂轮机、台钻、立钻、摇臂钻、手电钻若干;配备测量用孔类、轴类零件若干;钳工实训场所设备应配备应齐全。

五、安全注意事项

(1)在使用量具前必须用清洁棉纱将其擦净。

(2)对粗糙毛坯、生锈工件和温度过高的工件都不能使用精度过高的量具进行测量。

(3)机床开动时,不准使用量具测量工件。

(4)所有量具应在使用后擦净、涂油后放在专用盒内,防止受潮、生锈。

(5)量具应单独放置,不可与工具或工件混放。

(6)定期对量具的精度进行检验、标定。

(7)使用的机床、工具(如钻床、砂轮机、手电钻等)要经常进行检查,若发现损坏,应停止使用并及时上报,进行修复。未经同意,不得擅自使用不熟悉的机床和工具。

(8)使用电气设备时,必须严格遵守操作规程,注意安全。在使用砂轮机时,要戴好防护眼镜。清除切屑要用刷子,不可用手清理或用嘴去吹,以免切屑扎伤手或飞进眼里伤害眼睛。

(9)在台虎钳上工作时,工具应摆放整齐,不得伸出钳台以外,以免落地损坏工具或砸伤脚。

(10)实习场地要保持整齐清洁,搞好环境卫生;常用设备要合理布局;工件、工具放置要有顺序,整齐稳固。确保实习操作中的安全。

(11)进一步明确本校的生产实习场地规则。

六、实训内容

(1)用游标卡尺对工件的外径、内径、宽度、长度、高度和深度进行测量的练习。

(2)用外径千分尺对工件的外径、长度、厚度进行测量的练习。

(3)用游标万能角度尺对工件的角度进行测量的练习。

(4)用砂轮机对工件进行磨削的练习。

(5)用台钻对工件进行钻孔的练习。

七、实训步骤

1.使用游标卡尺测量工件

(1)使用前,应该首先将工件被测表面和游标卡尺量爪量测面擦干净,检测游标卡尺的精度是否准确。

注意:检验时,将游标卡尺主副尺靠在一起,观察主副尺之间不应有缝隙,同时读取游标卡尺读数,应为0.00mm。否则,游标卡尺存在误差,不能使用。

(2)测量工件外径时,将副尺向外移动,使两量爪间距大于工件外径,首先使主尺量爪与被测量工件接触,然后再慢慢地移动副尺,使副尺量爪与工件接触。然后拧紧固定螺钉,轻轻取下并读取数值。

注意:取下游标卡尺时,应小心操作防止损毁游标卡尺;为保证读数准确,对于不用取下游标卡尺即可读数的部件,应直接读数后,再取下游标卡尺。

(3)测量工件内径时,将副尺量爪向内移动,使两量爪间距小于工件内径,如图1-18所示,读数方法同上。

使用中,不允许游标卡尺的量爪量测面与工件发生磕碰,以免影响游标卡尺的精度和读数的准确性。

注意:在测量时,应将主尺量爪抵靠在工件内壁上,然后将副尺量爪左右移动,以便找到最大内径。

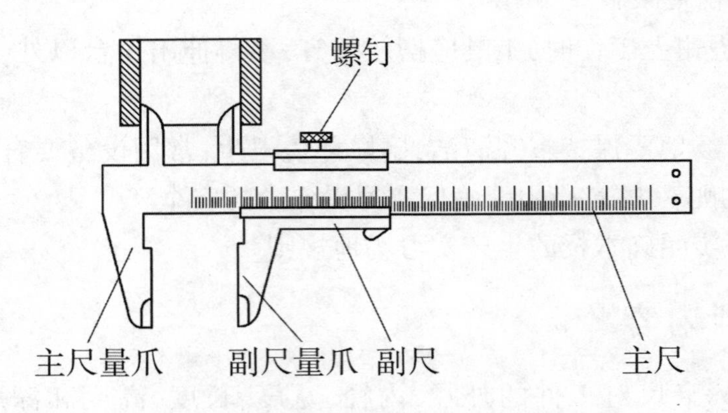

图 1-18　用游标卡尺测量内径

(4)用深度游标卡尺测量工件深度时,如图 1-19 所示。将主尺与工件被测底面平整地接触,然后缓慢地移动副尺,使副尺与工件表面接触,旋紧固定螺钉,根据主尺、副尺所示数值读出尺寸。读数方法与上述相同。

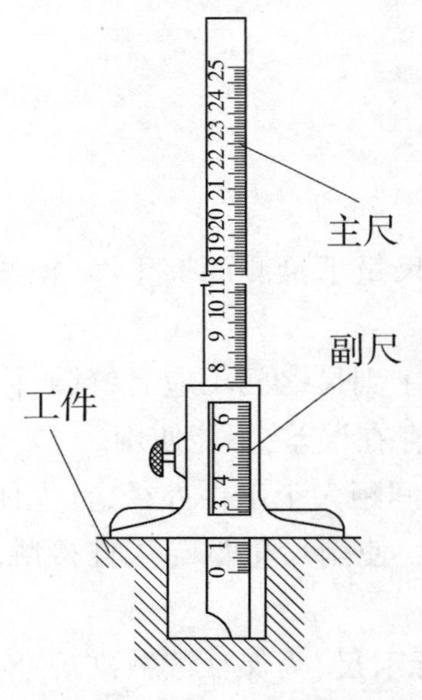

图 1-19　用深度游标卡尺测量深度

(5)使用完毕后,应将游标卡尺擦拭干净,并涂一薄层工业凡士林,放入游标卡尺盒内。

2. 使用外径千分尺测量工件

(1)使用前必须把外径千分尺测砧端表面擦拭干净,然后用仪器配备的标准杆检测外径千分尺的读数是否准确。

(2)旋转棘轮,使外径千分尺测轴轴线与标准杆中心线平行,用两个测砧端面夹住标准杆,直到棘轮发出 2 ~ 3 声"咔咔"声,这时外径千分尺的读数应该与标准杆对应长应一致。否则,该外径千分尺有误差,应检查调整后才能用于测量。

(3)将工件被测表面擦拭干净,并将外径千分尺置于两测量面之间,使外径千分尺测轴轴线与工件中心线垂直或平行。

注意:若测量时外径千分尺测轴轴线与工件中心线倾斜,则直接影响测量的准确性。

(4)使测砧与工件接触,然后旋转活动套筒(副尺),使测砧端面与工件测量表面接近 1 ~ 2mm 时,这时改用旋转棘轮,直到棘轮发出 2 ~ 3 声"咔咔"响时为止,然后旋紧固定螺钉,轻轻取下外径千分尺。这时,外径千分尺指示数值就是所测量的工件尺寸。

(5)使用完毕后,应将外径千分尺擦拭干净,并涂一薄层工业凡士林,存放于外径千分尺盒内。禁止重压、弯曲外径千分尺,且两测量端面不得接触,以免影响外径千分尺精度。

3. 用游标万能角度尺测量工件角度

(1)使用前,应该首先检测游标万能角度尺的读数是否准确,将工件被测表面和游标万能角度尺擦拭干净。

(2)测量时,首先将万能角度尺的直尺放在被测工件角的一边,然后再慢慢地移动扇形板至工件角的另一边,轻轻取下。这时,游标万能角度尺指示数值就是所测量的工件的角度。

(3)使用完毕后,应将游标万能角度尺擦拭干净,并涂一薄层工业凡士林,存放于游标万能角度尺盒内。

4. 使用砂轮机

(1)确保砂轮机的砂轮安装牢固,并且砂轮没有异常磨损。将砂轮机的开关打开,启动后,待砂轮转速达到正常后才能进行磨削。

(2)取一段厚度为4mm扁铁,在实习指导教师的指导下进行磨削练习。

注意:不允许戴手套,必须要戴防护眼镜。

(3)练习结束后,关闭开关,清理场地。

5. 使用台钻

(1)首先练习正确安装钻头。

(2)练习正确装夹工件。

(3)在不启动台钻的情况下进行手动进给练习。

(4)在实习指导教师的指导下启动台钻,进行钻孔练习。

(5)练习结束后,关闭开关,待停机后,清理台面。

八、实训成果

(1)通过对工件的测量来检验是否能够正确使用量具。

(2)通过对砂轮机、台钻的操作来检验是否能够正确使用设备。

九、实训考评

工量具及设备使用实训考评记录表见表1-1。

工量具及设备使用实训考评记录表 表 1-1

班级:__________ 学号:__________ 姓名:__________

序号	考评内容	分值	评分标准	得分	扣分原因
1	工具、量具的正确选择和使用	5 分	选择错误或使用错误一件/次,扣 2 分		
2	使用前量具的校验	5 分	未校验扣 5 分		
3	工件尺寸的测量方法	20 分	错误一处扣 10 分		
4	测量后量具的读数	20 分	读数错误不得分		
5	设备的正确使用	25 分	设备使用错误不得分,操作根据情况得分		
6	设备的维护	15 分	使用后设备正确维护,否则不得分		
7	操作中的安全、文明生产	10 分	违章操作,视情节扣分		
8	成绩总评				—

教师评语:

教师签名:__________

日　　期:__________

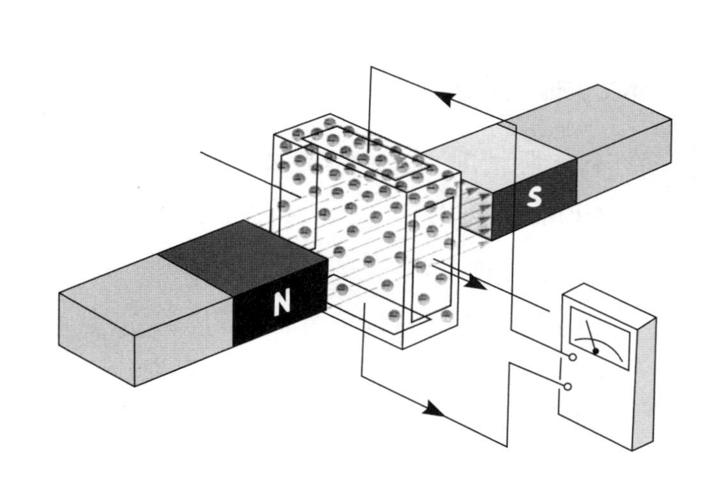

实训二

平面划线

一、实训目标

通过本实训，明确划线的作用，学会正确使用平面划线工具；学会一般的划线方法和正确地在线条上打样冲眼；划线操作应达到线条清晰、粗细均匀，尺寸误差不大于±0.3mm。

二、相关知识

在毛坯或工件上，用划线工具划出待加工部位的轮廓线或作为基准的点和线，这项操作称为划线。只需在一个平面上划线即能满足加工要求的，称为平面划线，如板料表面、凸缘端面确定加工孔的位置等；要同时在工件上几个不同方向的表面上划线才能满足加工要求的，称为立体划线，如矩形零件的各个表面加工线等。

(一)划线的作用及要求

1. 划线的作用

(1)确定工件上各加工面的加工位置和加工余量。

(2)可全面检查毛坯的形状和尺寸是否符合图样，是否满足加工要求。

(3)当在坯料上出现某些缺陷的情况下，往往可在划线过程中找出缺陷，根据坯料实际情况,合理下料,减少浪费。

(4)在板料上按划线下料,可做到合理使用材料,减少浪费。

2. 划线的要求

(1)要求划出的线条清晰均匀。

(2)要求划出的线条尺寸准确可靠。

(3)立体划线必须保证长、宽、高三个方向划的线相互垂直。

(二)划线工具

我国长度单位采用米制,它是十进制。米制长度单位的名称、符号和进位关系如下:

米	分米	厘米	毫米	微米
m	dm	cm	mm	μm

1m = 10dm = 100cm = 1000mm = 1000000μm

机械工程上所标注的米制尺寸,是以毫米为主单位的,而且为了方便,图样上以毫米为单位的尺寸按规定不注单位符号,如 100 即 100mm,0.03 即 0.03mm。

在工作中,有时还会遇到英制单位,其名称和进位关系为:1 英尺 = 12 英寸,1 英寸 = 8 英分。它的主单位是英寸,如 3 英分写成 3/8 英寸,2 英分写成 1/4 英寸。

米制和英制单位的换算关系:1 英寸(in) = 25.4 毫米(mm)。

1. 划线平台

划线平台一般由铸铁制成,工作表面经过精刨或刮削加工,作为划线时的基准平面。划线平台一般用木架搁置,放置时应使平台工作表面处于水平状态,如图 2-1 所示。

使用注意要点:

(1)划线平台一般要求保证基准面处于水平状态。

(2)划线平台工作表面应保持清洁。

(3)工件和工具在划线平台上都要轻拿、轻放,不可损伤其工作面。

(4)用后要擦拭干净,并涂上机油防锈。

2. 钢直尺

钢直尺是用不锈钢制成的一种直尺,是一种最基本的量具,可以用来测量工件的长度、宽度、高度和深度或作为刻划线条时的导尺,如图 2-2 所示。

图 2-1　划线平台

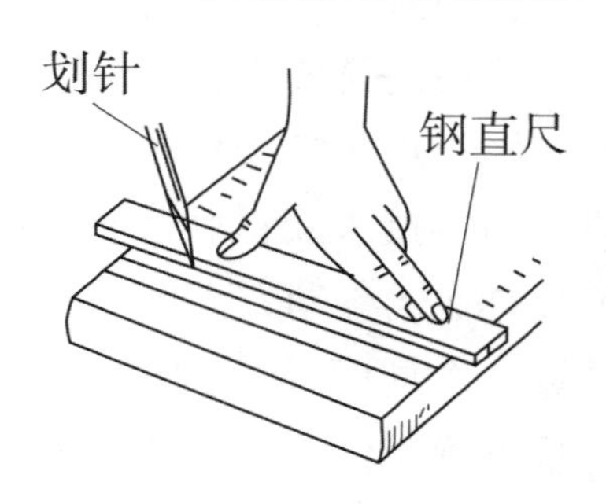

图2-2　钢直尺及其使用

钢直尺的规格有 150mm、300mm、500mm 和 1000mm 四种规格。尺面上尺寸刻线间距为 0.5mm，为钢直尺的最小刻度。钢直尺测量出的数值误差比较大，1mm 以下的小数值只能靠估计得出，因此，不能用作精确的测定。

钢直尺刻度一般由英制尺寸和米制尺寸两种刻线。其单位换算关系如下：

1 英寸(in) = 25.4 毫米(mm)

1 英尺(ft) = 12 英寸(in)

3. 直角尺

直角尺是用来检查或测量工件内、外直角，平面度，也是划线、装配时常用的量具，如图 2-3所示。直角尺的两边长短不同，长而薄的一面叫尺苗，短而厚的一面叫尺座。

直角尺测量外直角的用法，是将尺座一面靠紧工件基准面，另一尺边向工件的另一面靠拢，观察尺边与工件贴合处，用透过缝隙的光线是否均匀，来判断工件两邻面是否垂直。

4. 划针

划针是用来在工件上划线条，由弹簧钢丝或高速钢制成，直径一般为 $\phi3\sim5$mm，尖端磨成 10° ~ 20°的尖角，并经淬火使之硬化。有的划针在尖端部位焊有硬质合金，耐磨性更好，如图 2-4 所示。

a)直角尺

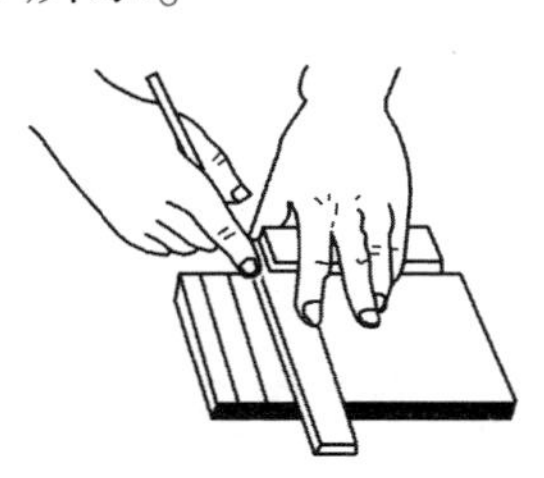

b)直角尺的使用

图 2-3　直角尺及其使用

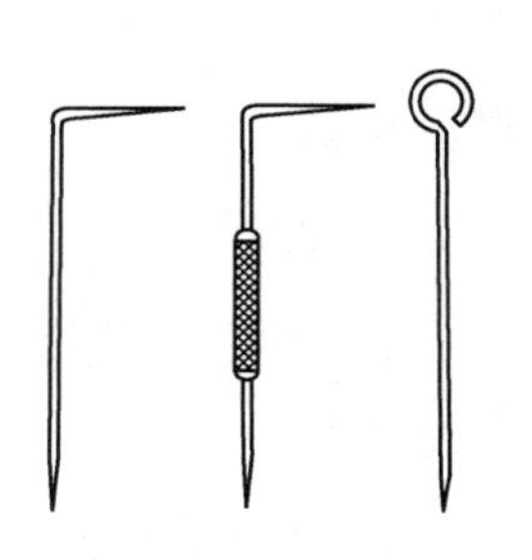

图 2-4　划针

使用注意要点:在用钢直尺和划针划连接两点的直线时,应先用划针和钢直尺定好一点的划线位置,然后调整钢直尺使其与另一点的划线位置对准,再划出两点的连接直线;划线时针尖要紧靠导向工具的边缘,上部向外侧倾斜约15°~20°,向划线移动方向倾斜约45°~75°,如图2-5所示。针尖要保持尖锐,划线要尽量一次划成,使划出的线条既清晰又准确;不用时,划针不能插在衣袋中,要套上塑料管不使针尖外露。

5. 划线盘

划线盘是用来在划线平台上对工件进行划线或找正工件在平台上的正确安放位置。划针的直头端用来划线,弯头端用来对工件安放位置的找正。划线盘如图2-6所示。

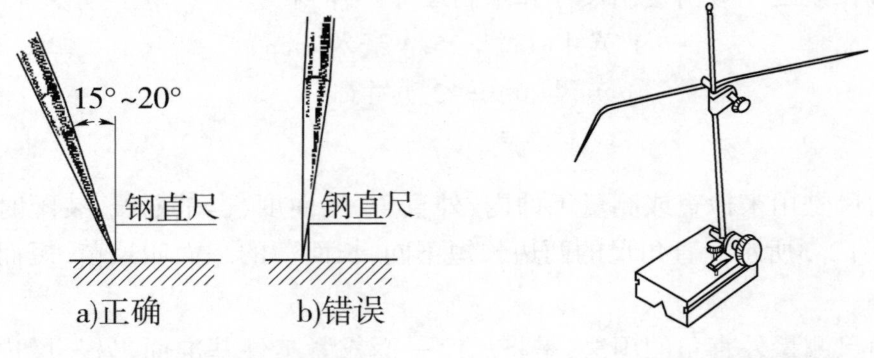

图2-5　划针的使用　　图2-6　划线盘

使用注意要点:用划线盘进行划线时,划针应尽量处于水平位置,不要倾斜太大,划针伸出部分应尽量短些,并要牢固地夹紧,以避免划线时产生振动和尺寸变动;划线盘在移动时,底座底面始终要与划线平台平面贴紧,无摇晃或跳动;划针与工件划线表面之间保持夹角40°~60°(沿划线方向),以减小划线阻力和防止针尖扎入工件表面;划较长直线时,应采用分段连接划法,这样可对各段的首尾作校对检查,避免在划线过程中由于划针的弹性变形和划线盘本身的移动所造成的划线误差;划线盘用毕后应使划针处于直立状态,保证安全和减少所占的空间。

6. 划规

划规用来划圆和圆弧、等分线段、等分角度以及量取尺寸等。图2-7所示为几种划规。

使用注意要点:划规两脚的长短要磨得稍有不同,而且两脚合拢时脚尖能靠紧。这样才可划出尺寸较小的圆弧,划规的脚尖应保持尖锐,以保证划出的线条清晰;用划规划圆时,作为旋转中心的一脚应加以较大的压力,另一脚则以较轻的压力在工件表面上划出圆或圆弧,以避免中心滑动,如图 2-8 所示。

图 2-7　划规

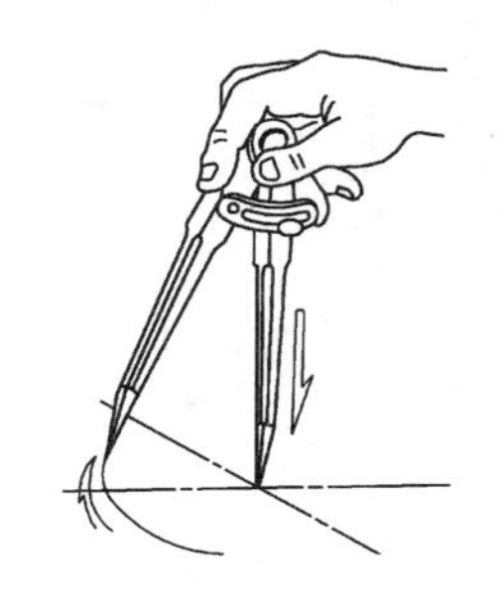

图 2-8　划规划圆

7. 样冲

样冲用来在工件所划加工线条上打样冲眼(冲点),作加强界限标志(称检验样冲眼)和作划圆弧或钻孔时的定位中心(称中心样冲眼)。样冲如图 2-9 所示。

样冲一般用工具钢制成,尖端处经淬火硬化,其顶尖角度有两种,用于加强界限标记时约为 40°,用于钻孔定中心时约为 60°。冲点方法:先将样冲外倾使尖端对准线的正中,然后再将样冲立直冲点,如图 2-10 所示。

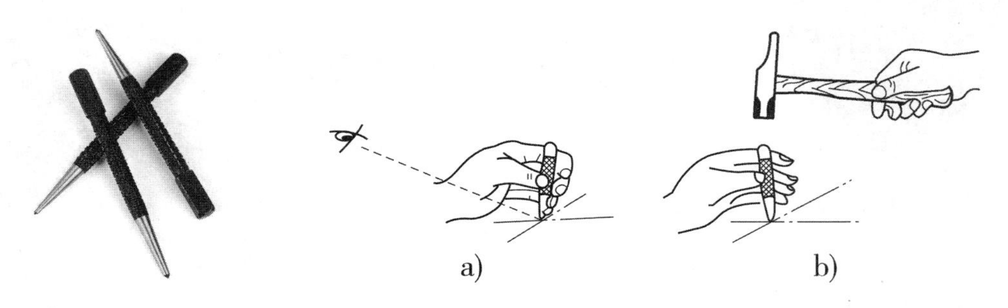

图 2-9　样冲

图 2-10　样冲的使用方法

使用注意事项:位置要准确,冲点不可偏离线条,如图 2-11 所示;在曲线上冲点距离要小些,如直径小于 20mm 的圆周上应有 4 个冲点,直径大于 20mm 的圆周线上应有 8 个以上冲点;在薄壁上或光滑表面上冲点要浅,粗糙表面上要深;精加工表面禁止打样冲眼。

8. 方箱

方箱是立体划线工具。方箱的各个相对表面相互平行,相邻平面相互垂直,如图 2-12 所示。划线时,可通过方箱上方的夹紧装置对工件预先夹紧,通过翻转方箱,便可将工件各个表面上的线条全部划出来,方箱上表面的 V 形槽可方便地装夹圆柱体工件。

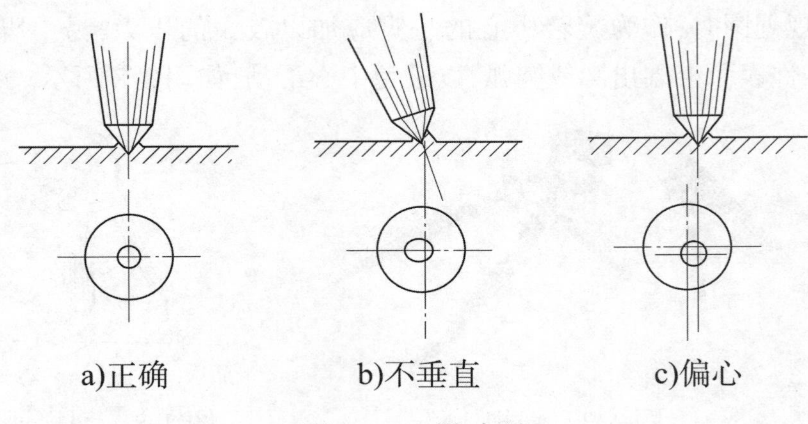

图 2-11　样冲眼

9. V 形铁

V 形铁一般由碳素钢制成。一般 V 形铁都是两个一组配对使用,V 形槽夹角多为 90°或 120°,用来支承圆柱形工件,以划出中心线、找出中心等,如图 2-13 所示。

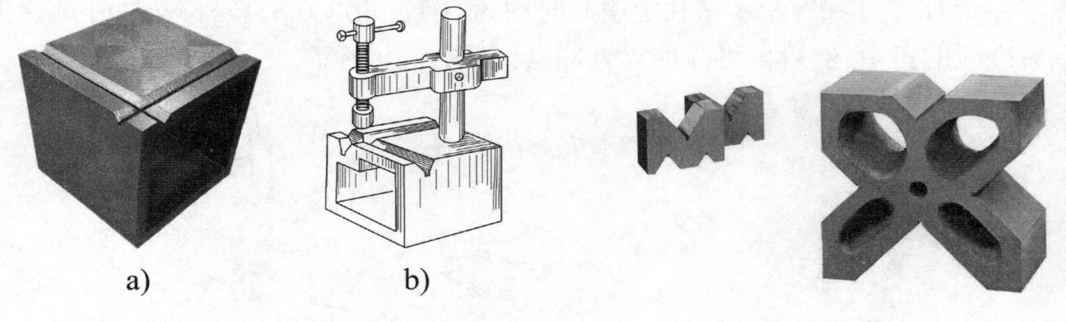

图 2-12　方箱

图 2-13　V 形铁

使用注意事项:

(1)要保证 V 形支撑面的清洁。

(2)划线时,工件要紧贴 V 形铁,以保证工件与基准平面垂直。

(3)在圆柱形工件表面划线时,必须使用同一规格的 V 形铁支承工件。

10. 千斤顶

千斤顶多用来支承形状不规则的复杂工件进行立体划线,一般 3 个为 1 组配合使用,如图 2-14 所示。划线中可以用改变千斤顶的高度来获得所要求的位置。

11. 直角铁

直角铁相互垂直的外表面作为工作表面,如图 2-15 所示。角铁上的孔或槽是搭压板时穿螺栓用的。

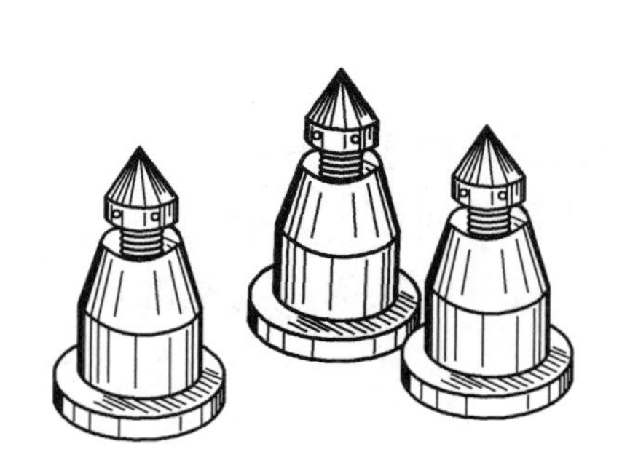

图2-14 千斤顶

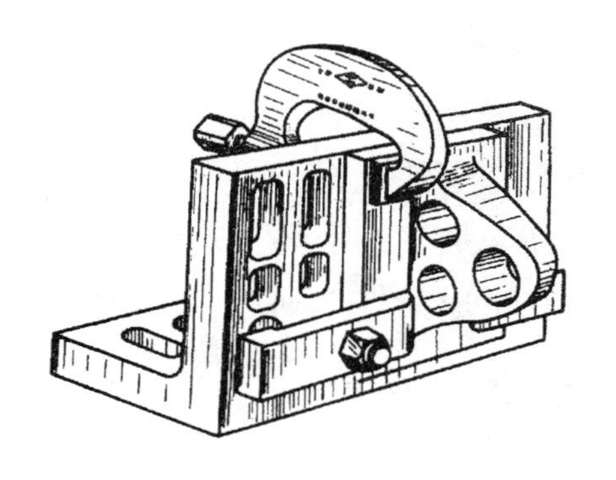

图2-15 直角铁

(三)划线的涂料

为了使划出的线条清楚,一般都要在工件的划线部位涂上一层薄而均匀的涂料。常用的涂料有石灰水、酒精色溶液、硫酸铜溶液、白粉笔。石灰水(常在其中加入适量的水胶来增加附着力)一般用于表面粗糙的铸、锻件毛坯上的划线,酒精色溶液(在酒精中加漆片和紫蓝颜料配成)和硫酸铜溶液用于已加工表面上的划线,白粉笔用于工件表面比较粗糙、量极少的情况。

不论使用哪一种涂料,都要涂得薄而均匀,才能保证划线清晰。涂得厚了,容易脱落。

(四)平面划线时基准线的确定

1. 平面划线时的基准形式

所谓基准,就是用来确定工件上各点、线、面的位置所依据的首先确定的点、线、面。所有的划线都要从基准开始。平面划线时,一般只要确定好两条相互垂直的基准线,就能把平面上所有形、面的相互关系确定下来。根据工件形体的不同,平面上相互垂直的基准线,有如下三种形式:两条互相垂直的中心线;两条互相垂直的平面投影线;一条中心线和与它垂直的平面投影线。

2. 基准线的确定

图样上所用的基准称为设计基准,划线时所用的基准称为划线基准。划线基准应与设计基准一致,并且划线时必须先从基准线开始,也就是说先确定好基准线的位置,然后再依次划其他形、面的位置线及形状线,要根据工件形状及图样上的尺寸关系认真分析,就不难得出。

3. 划线基准的选择原则

(1)划线基准应尽量与设计基准重合。

(2)对称零件或回转零件,应以对称中心或回转中心为基准。

(3)在未加工的毛坯上划线,应以主要的非加工面作为基准。

(4)在半成品件上划线,应以加工过的精度较高的表面作为基准。

(五)平面划线

1. 平行线的划法

方法一:如图 2-16 所示,分别用直尺从原直线上截取两次等长距离(平行线的距离),得到两点,连接此两点。

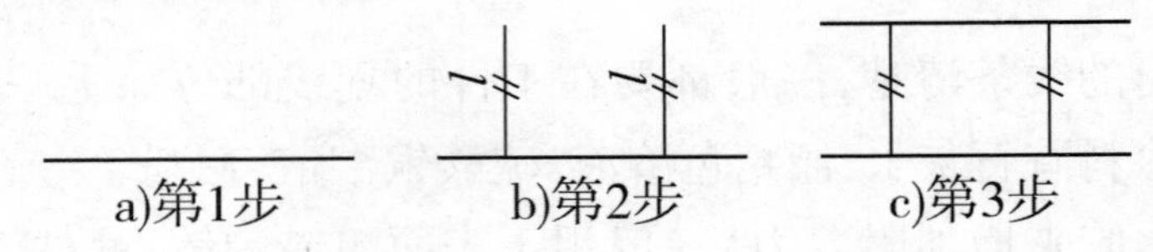

图 2-16　平面划线方法一

方法二:如图 2-17 所示,以已知直线上任意两点为圆心,用圆规以相同的半径(半径为两平行线之间的距离)划两次圆弧,做两圆弧公切线,就是所做平行线。

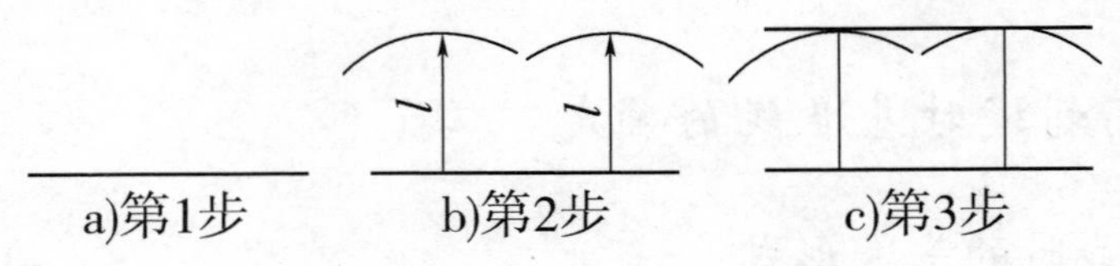

图 2-17　平面划线方法二

方法三:如图 2-18 所示,先将水平角尺对齐已知水平线,从竖直上量取两平行线的距离(两平行线的距离),取点,用一钢直尺左侧靠紧竖直尺,到所取的点划水平线。

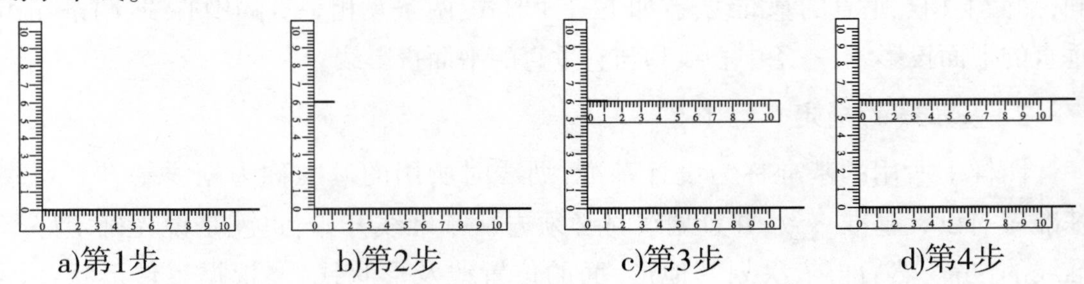

图 2-18　平面划线方法三

2. 正四边形的划法

四边形的划法如图 2-19 所示。

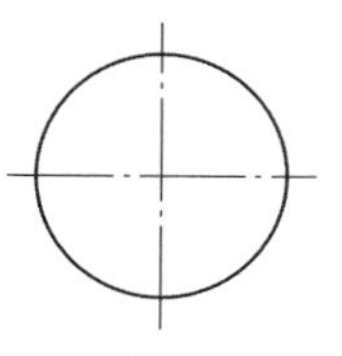
a)第1步

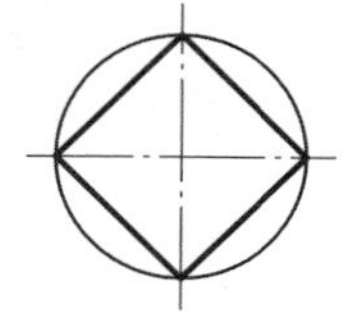
b)第2步

图 2-19 正四边形的划法

3. 正五边形的划法

正五边形的划线步骤如图 2-20 所示。

第 1 步:以 O 为圆心作圆,划出互相垂直的中心线,与圆周相交在 A、C 两点,如图 2-20a)所示。

第 2 步:以 C 为圆心,CO 为半径作圆弧,与圆周相交两点,如图 2-20b)所示。

第 3 步:连接两交点,与 OC 相交于 B 点。B 点即为 OC 的中点,如图 2-20c)所示。

第 4 步:以 B 为圆心,BA 为半径作圆弧,交 CO 延长线于 D。AD 就是所求正五边形的边长,如图 2-20d)所示。

第 5 步:以 AD 为半径,依次在圆弧 O 上截取,得 1、2、3、4、5 点,如图 2-20e)所示。

第 6 步:依次连接 1、2、3、4、5 点即得正五边形,如图 2-20f)所示。

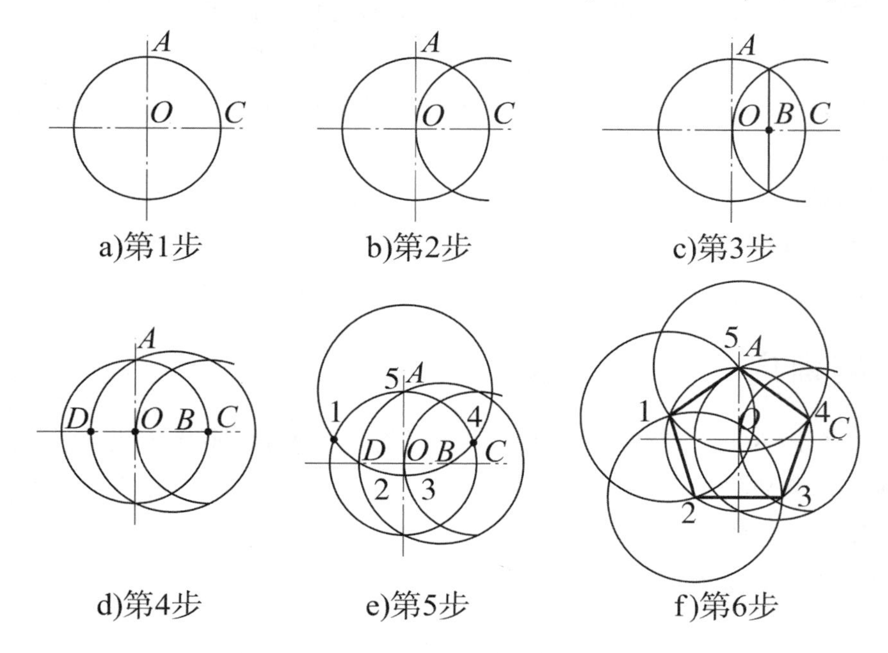

图 2-20 正五边形的划线步骤

4. 正六边形的划法

正六边形的划法如图 2-21 所示。

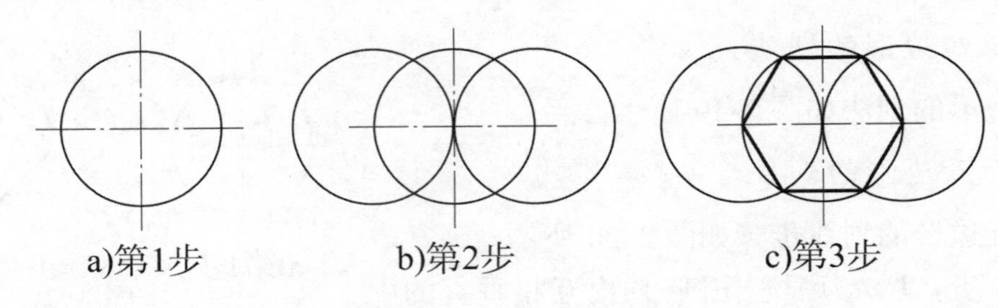

图 2-21　正六边形的划法

三、实训组织

本实训所用学时为 2 学时,每位学生 1 个工位。

四、实训准备

本实训按工位配备常用划线工具:划线平台、钢直尺、直角尺、划针、划线盘、划规、样冲、手锤、涂料等,钳工实训场所设备应配备齐全。

五、安全注意事项

(1)为熟悉各图形的作图方法,实习操作前可做一次纸上练习。

(2)划线工具的使用方法及划线动作必须掌握正确。

(3)学习的重点是如何才能保证划线尺寸的准确性、划出线条细而清楚及冲点的准确性。

(4)工具要合理放置。要把左手用的工具放在作业工件的左面,右手用的工具放在作业工件的右面,并要整齐、稳妥放置。

(5)任何工件在划线后,都必须作一次仔细的复检校对工作,避免差错。

六、实训内容

(1)学会正确使用划线平台、钢直尺、直角尺、划针、划线盘、划规等划线工具进行划线。

(2)学会正确使用样冲打样冲眼。

(3)学会平面划线。

七、实训步骤

1. 准备工作

(1)将待划线的毛坯件先进行清理,清理铸件毛坯的残余型砂、毛刺,除去浇冒口，修平。除去毛坯表面的氧化皮、锈蚀、油污等。

(2)分析图样，确定划线基准及支承位置，检查毛坯的误差及缺陷。

(3)划线部位涂色，涂色时要薄而均匀。

(4)划线工具应准备齐全且保证满足使用要求。

2. 划线过程

先划基准线和位置线，再划加工线。即先划水平线，再划垂直线、斜线，最后划圆、圆弧和曲线。

3. 检查、打样冲眼

(1)对照图样和工艺要求，对工件按划线顺序从基准开始逐项检查，对错划或漏划的线条应及时改正，保证划线的准确。

(2)检查无误后在加工界线上打样冲眼，打样冲眼必须打正，毛坯面要适当深些，已加工面或薄板件要浅些、稀些，精加工表面禁止打样冲眼。

八、实训成果

(1)通过对工件进行实际划线来检验是否掌握正确的划线方法。

(2)通过对工件进行实际划线来检验是否能够正确使用划线工具。

九、实训考评

划线实训考评记录表见表 2-1。

划线实训考评记录表　　表 2-1

班级:____________　学号:____________　姓名:____________

序号	考评内容	分值	评分标准	得分	扣分原因
1	工具、量具的正确选择和使用	5 分	选择错误或使用错误 1 件/次，扣 2 分		
2	划线前工件表面的处理	5 分	未处理，扣 5 分		
3	所画图形正确在工件上分布合理	20 分	错误一处，扣 5 分		
4	图形的线条清晰、粗细均匀	10 分	一处线条模糊或者粗细不均匀，扣 4 分		

续上表

序号	考评内容	分值	评分标准	得分	扣分原因
5	划线的尺寸误差应该在 ±0.5mm	25分	一处尺寸出现尺寸误差超标，扣5分		
6	工件上的冲眼分布合理	10分	冲眼位置一处偏离或分布不合理，扣4分		
7	线条圆弧之间的连接光滑、过渡自然	15分	一处连接不光滑，扣5分		
8	操作中的安全、文明生产	10分	违章操作，视情节扣分		
9	成绩总评				

教师评语：

教师签名:________

日　期:________

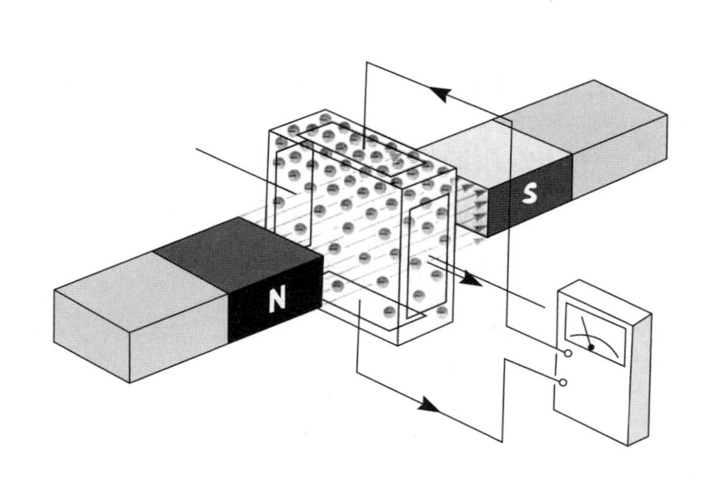

实训三

錾削

一、实训目标

通过本次实训,学会錾子和手锤的握法、锤击动作;掌握正确的錾削姿势和手锤锤击的准确性;掌握錾削时的安全操作规程。

二、相关知识

用手锤锤击錾子对工件进行切削加工的操作方法称为錾削。其操作工艺较为简单,切削效率和切削质量不高。目前,主要是用于某些不便用机械加工的工件表面的加工,如清除铸、锻件和冲压件的毛刺、飞边、分割材料、錾切油槽等。錾削是钳工的一项基本操作技能。

(一)錾削工具

錾削用的工具主要是錾子和手锤。

1. 錾子

錾子一般用碳素工具钢(T7 或 T8)锻制、刃磨并经淬火和回火热处理而成。钳工常用的錾子有扁錾、窄錾、油槽錾等,如图 3-1 所示。

2. 手锤

手锤由锤头和木柄组成,锤头也是由碳素工具钢(T7)锻制而成,如图 3-2 所示。手锤常用的规格有0.25kg、0.5kg和1kg等。

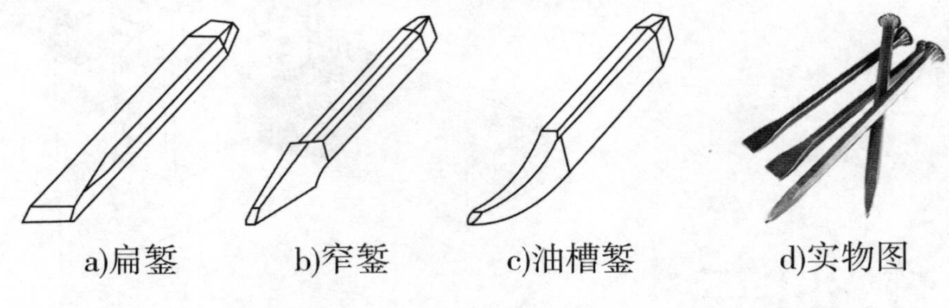

a)扁錾　b)窄錾　c)油槽錾　d)实物图

图3-1　錾子

(二)錾子的切削原理

錾子切削部分由前刀面、后刀面以及它们的交线形成的切削刃组成,即两面一刃。錾削时形成的切削角度如图3-3所示。

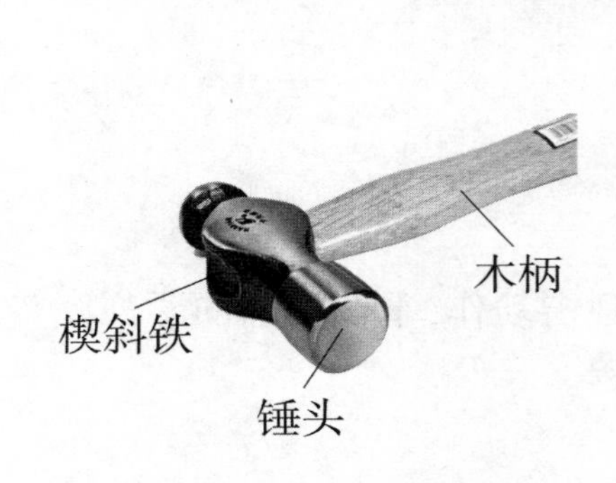

图3-2　手锤

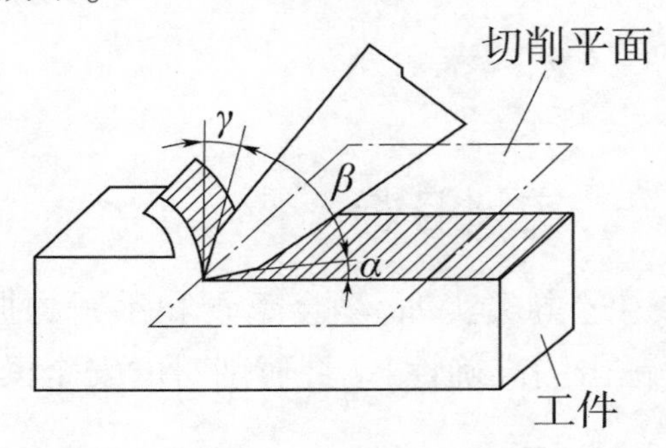

图3-3　錾削的角度

錾子在錾削时的几何角度主要有以下三个。

1. 前角 γ

前角是前刀面与基面间的夹角。前角大时,被切金属的切屑变形小,切削省力。前角越大越省力。

2. 楔角 β

楔角是前刀面与后刀面之间的夹角。楔角越小,錾子刃口越锋利,錾削越省力。但楔角过小,会造成刃口薄弱,錾子强度差,刃口容易崩裂;而楔角过大时,刀具强度虽好,但錾削很困难,錾削表面也不易平整。所以,錾子的楔角应在强度允许的情况下,尽量选择小的角度。錾子錾削不同软硬材料时,对錾子强度的要求不同。因此,錾子的楔角 β 主要应该根据工件材料软硬来选择。

扁錾 β 楔角数值的选择:錾削较硬材料时,$\beta = 60° \sim 70°$;錾削中等硬度材料时,$\beta = 50° \sim 60°$;錾削较软材料时,$\beta = 30° \sim 50°$。

3. 后角 α

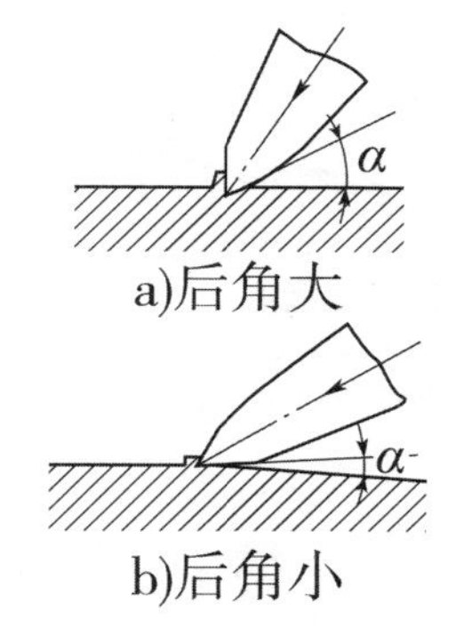

图 3-4 后角对錾削的影响

后角是在錾削时錾子后刀面与切削平面之间形成的夹角。它的大小取决于錾子被掌握的方向。錾削时后角太大会使錾子切入材料太深,造成錾削困难,甚至损坏錾子刃口;若后角太小,錾子容易从材料表面滑出,不能切入,即使能錾削,由于切入浅,效率也不会高。在錾削过程中应握稳錾子避免后角发生较大的变化。否则,将使工件表面錾削得高低不平。后角 α 对錾削的影响如图 3-4 所示。

(三)錾子的刃磨及热处理

1. 刃磨

錾子使用一段时间以后,常发生刃钝、卷边和切削刃崩口损坏等现象,因此要在砂轮上修理、磨锐,严重的要重新锻制。刃磨时两手拿住錾身,右手在上,左手在下,使刃口向上倾斜靠在砂轮上,轻加压力,同时注意錾子的刃口要略高于砂轮水平中心线,在砂轮全宽上平稳均匀地左右移动錾身。要经常蘸水冷却,以防退火,如图 3-5 所示。

錾子在刃磨过程中,注意磨后的楔角大小要适宜,两刃面要对称,刃口要平直,刃面宽为 2 ~3mm,如图 3-6 所示。

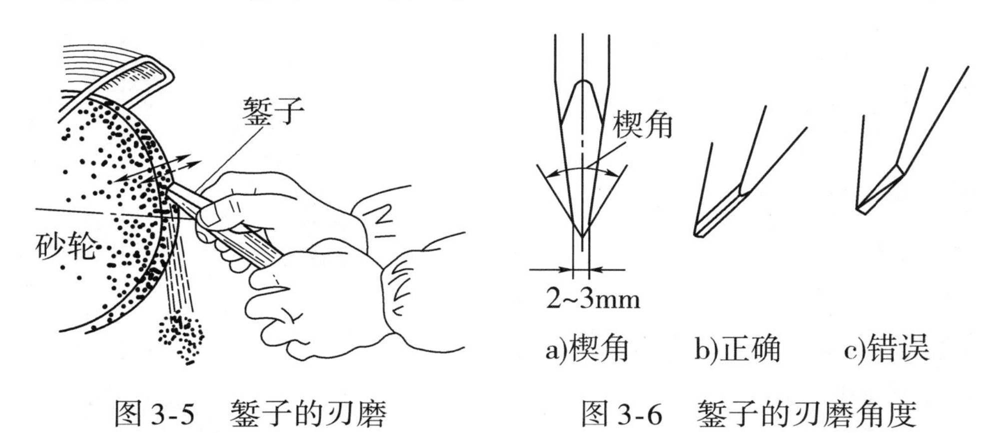

图 3-5 錾子的刃磨　　图 3-6 錾子的刃磨角度

2. 錾子的热处理

錾子热处理包括淬火和回火两个工序。热处理前先将錾子切削部分进行粗磨,以便在热处理过程中观察其表面颜色的变化。

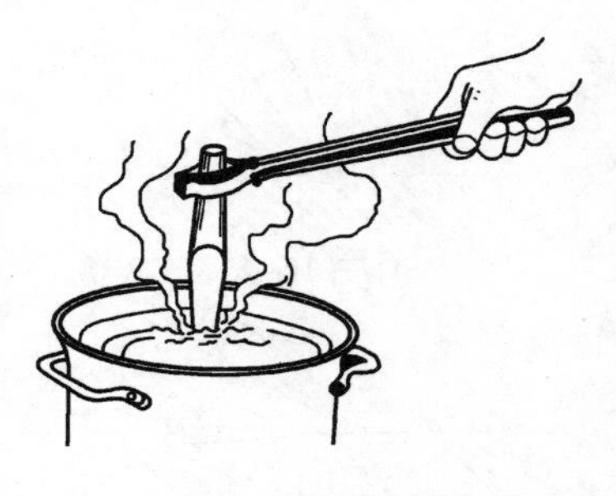

图 3-7　錾子的淬火

(1)淬火。

錾子是用碳素工具钢(T7 或 T8)制成,淬火时可把切削部分约20mm 长的一端均匀加热到750～800℃(呈樱红色),然后迅速取出垂直地浸入冷却液中冷却,浸入深度为5～8mm,如图3-7 所示,并在水中缓慢移动,加速冷却,提高淬火硬度,使淬硬部分与不淬硬部分不至于有明显的界线,避免錾子在此线上断裂。

(2)回火。

錾子的回火是利用本身的余热进行的。当淬火的錾子露出水面部分显黑色时,即由水中取出,迅速用旧砂轮片擦去切削部分的氧化皮,利用上部的热量对切削部分自行回火,并观察錾子刃部的颜色变化:如果经淬火的錾子是用来加工硬材料,则刃口部分呈红黄色时立即将錾子全部放入水中冷却至常温;如果经淬火的錾子是用来加工较软材料,则刃口部分呈紫红色与蓝色之间时立即将錾子全部放入水中冷却至常温。

(四)錾削姿势和操作方法

1. 錾削姿势

錾削操作劳动强度大,操作时应注意站立位置和姿势,尽可能使全身自然直立,面向工件,这样不易疲劳,又省力。

1)站立姿势

錾削操作时的站立位置如图3-8 所示。身体与台虎钳中心线大致呈45°角,且略向前倾,左脚跨前半步,膝盖处稍有弯曲,保持自然放松状态,右脚要站稳伸直,不要过于用力。

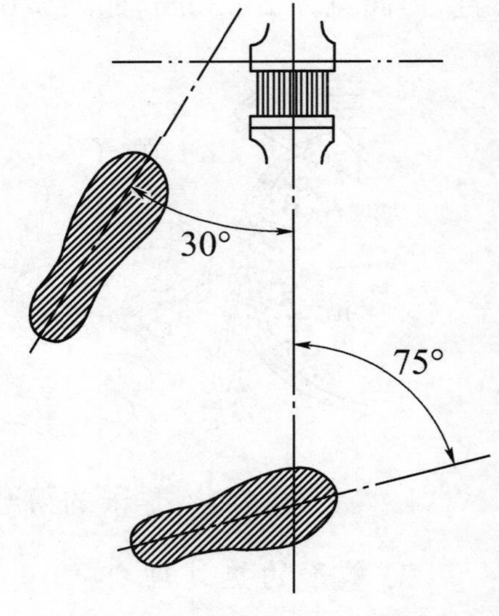

图 3-8　錾削时两只脚的站立位置

2)錾子握法

錾削时,左手自如地握着錾子不要握得过紧,以免敲击时掌心承受的振动过大,如图3-9 所示。大面积錾削、錾槽采用正握法;剔毛刺、侧面錾削及使用较短小的錾子时采用反握法;錾断材料时使用立握法。

3)手锤的握法

(1)紧握法:用右手五指紧握锤柄,大拇指合在食指上，虎口对准锤头方向，木柄尾端露出 15～30mm，挥锤和锤击时五指始终紧握，如图 3-10 所示。

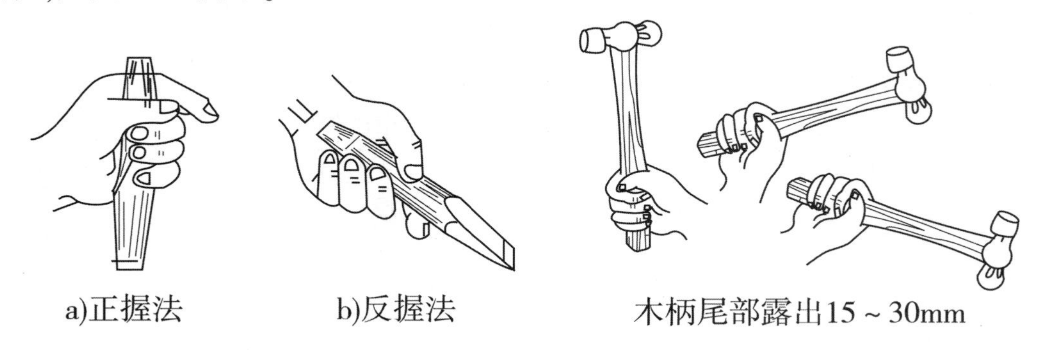

图 3-9　錾子握法　　　　图 3-10　手锤的紧握法

(2)松握法：只有大拇指和食指始终握紧锤柄，其余三指在挥锤时，小指、无名指、中指依次放松；在敲击时，又以相反的次序收拢握紧，如图 3-11 所示。

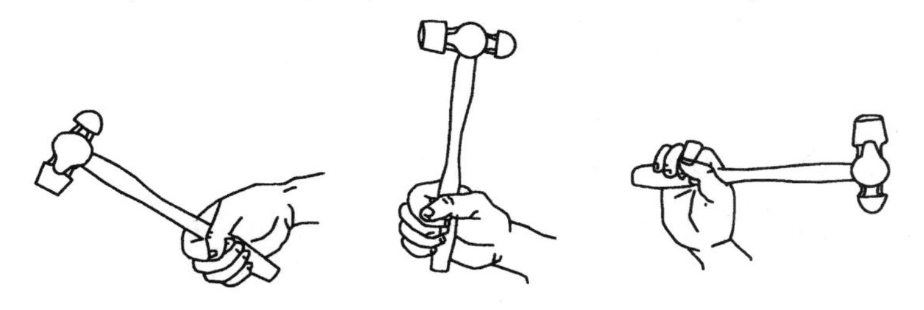

图 3-11　手锤的松握法

4)挥锤方法

在实际操作中，根据对加工工件锤击力大小的要求不同，挥锤方法有腕挥、肘挥、臂挥，如图 3-12 所示。

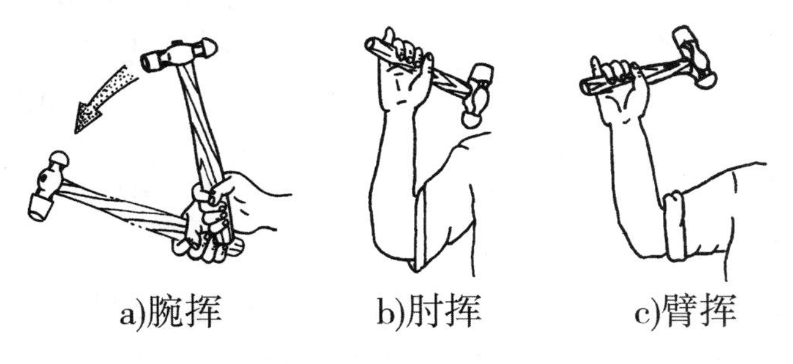

图 3-12　挥锤方法

2. 錾削操作方法

1)錾削平面的方法

錾削操作过程一般可分为起錾、錾削和錾出三个阶段。

(1)起錾。起錾时錾子要握稳握平,开始用力要轻,以便切入,如图 3-13 所示。

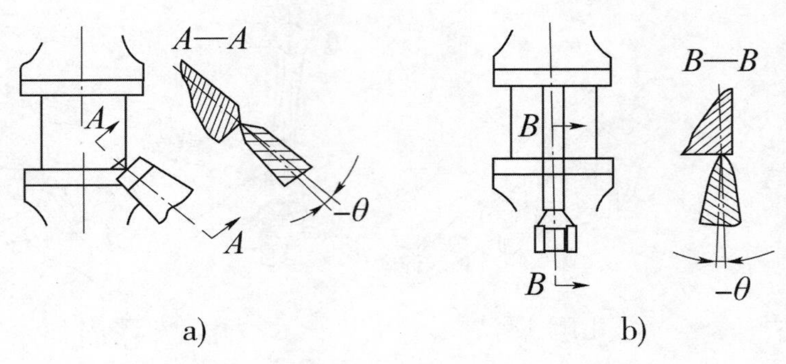

图 3-13　起錾方法

(2)錾削。錾削时,要保证錾子的正确位置和前进方向。粗錾时,切入角 α 要稍大点,但过大会使錾子切入工件太深,錾削表面粗糙;若切入角过小,錾子切入工件太浅,易滑出。细錾时,由于切入深度较小,锤击力较轻,切入角应稍大些,如图 3-14 所示。錾削时,锤击力应均匀,锤击数次后,要将錾子退出一下,以便观察加工表面情况,也有利于錾子刃口散热。

(3)錾出。錾出也就是錾削将要完工时,应调头錾去余下部分,以免工件边缘崩裂,如图3-15所示。而且只用腕挥,轻轻锤击錾子,以免残块錾掉阻力突然消失时手滑出刮伤。

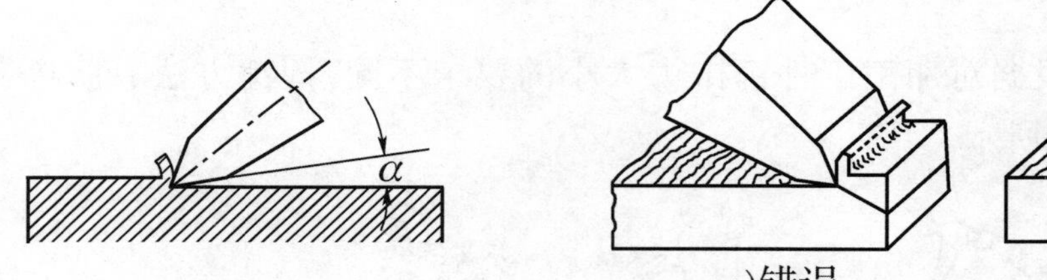

图3-14　錾削时的 α 角

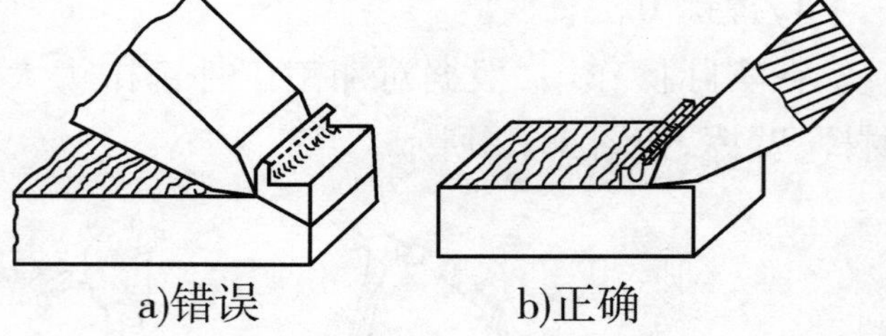

图 3-15　錾出时的方法

2)錾切板料的方法

切断薄板料(厚度小于 2mm),可将其夹在台虎钳上錾切,如图 3-16 所示。

錾切时,将板料按划线夹成与钳口平齐,用扁錾沿着钳口并斜对着板料(约呈 45°角)自右向左錾切。对尺寸较大的板料或錾切线有曲线而不能在台虎钳上錾切,可在铁砧(或钢板)上进行,如图 3-17 所示。

此时,切断用的錾子切削刃应磨有适当的弧形,使前后錾痕便于连接齐整,如图 3-18 所示。

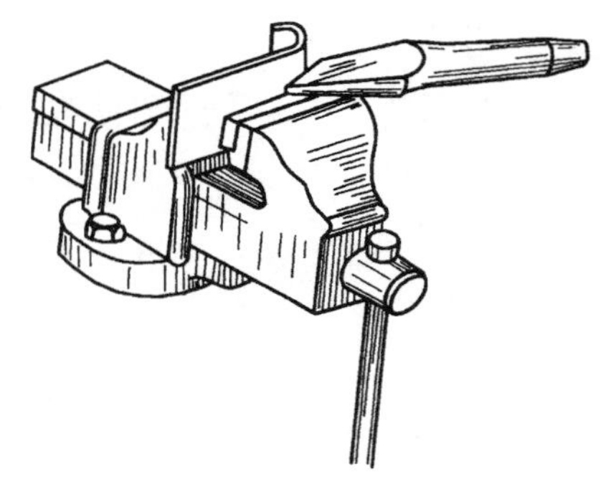

图 3-16 在台虎钳上錾切板料

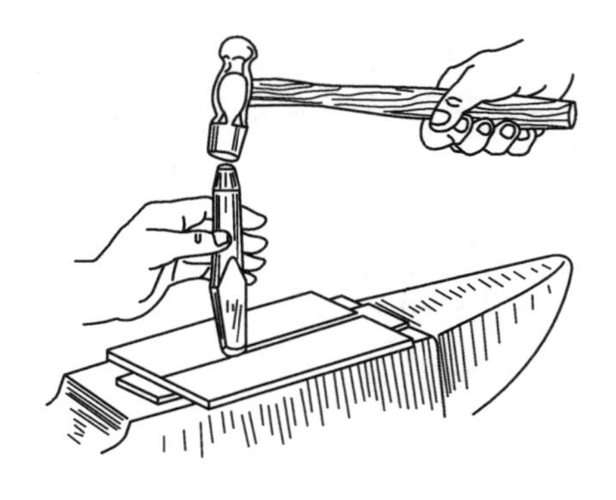

图 3-17 在铁砧上錾切板料

当錾切直线段时，錾子切削刃的宽度可宽些（用扁錾），錾切曲线段时，刃宽应根据其曲率半径大小而定，使錾痕能与曲线基本一致。錾切时，应由前向后錾，开始时錾子应倾斜一些似剪切状，然后逐步放垂直，依次錾切，如图 3-19 所示。

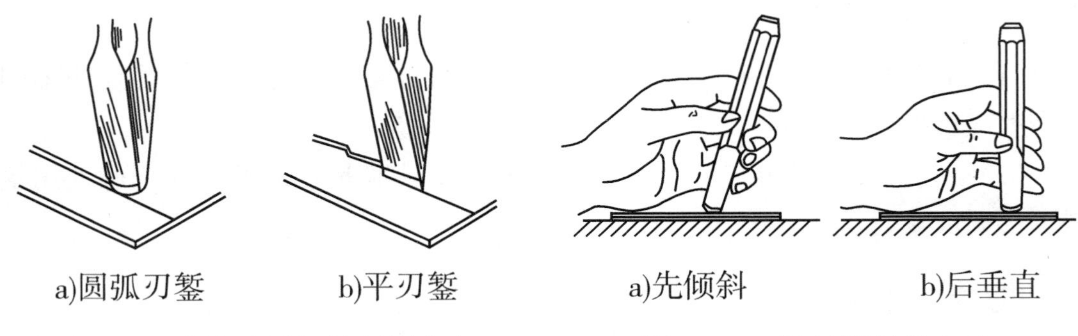

a)圆弧刃錾 b)平刃錾

图 3-18 錾切板料时用的錾子

a)先倾斜 b)后垂直

图 3-19 錾切板料的方法

三、实训组织

本实训所用学时为 4 学时，每位学生 1 个工位。

四、实训准备

本实训按工位配备扁錾、手锤各 1 套；配备厚度为 1 ~ 2mm 的薄钢板料、厚度为 8 ~ 10mm 的钢板料练习件若干。

五、安全注意事项

（1）在台虎钳上錾切板料，錾切线要与钳口夹平齐，且要夹持牢固。

（2）在台虎钳上錾切时，錾子的后面部分要与钳口平面贴平，刃口略向上翘以防錾坏钳口表面。

(3)在铁砧上錾切时,錾子刃口必须先对齐錾切线并成一定斜度錾切,要防止后一錾与前一錾错开,使錾切下来的边不整齐,同时,錾子不要錾到铁砧上,如不用垫铁时,应该使錾子在板料上錾出全部錾痕后再敲断或扳断。

六、实训内容

(1)錾切板料。

(2)錾削平面。

七、实训步骤

(1)薄板料的錾切加工。

(2)板料平面的錾削加工。

八、实训成果

(1)通过对薄板料进行錾切加工的操作来检验是否能够掌握正确使用錾削工具进行錾削。

(2)通过对板料进行平面錾削加工的操作来检验是否能够掌握正确使用錾削工具进行錾削。

九、实训考评

錾削实训考评记录表见表3-1。

錾削实训考评记录表　　表3-1

班级:____________　学号:____________　姓名:____________

序号	考评内容	分值	评分标准	得分	扣分原因
1	各种錾子的用途、正确选择和使用	5分	选择错误或使用错误一件/次,扣2分		
2	手锤的正确使用	5分	使用错误,扣5分		
3	錾削时工件的夹持是否正确、合理	10分	工件夹持不当,扣10分		
4	直线錾削时的姿势和錾削方法	15分	姿势不当,扣5分;方法不当,扣10分		

续上表

序号	考评内容	分值	评分标准	得分	扣分原因
5	直线錾削后，工件上的錾口是否平直	15分	根据錾口的平整度得分		
6	圆弧錾削时的姿势和錾削方法	15分	姿势不当，扣5分；方法不当，扣10分		
7	圆弧錾削后，工件上的錾口是否圆整	15分	根据錾口的圆整度得分		
8	錾子的刃磨姿势和方法	10分	姿势不当，扣5分；方法不当，扣5分		
9	操作中的安全、文明生产	10分	违章操作，视情节扣分		
10	成绩总评				

教师评语：

教师签名：________

日　　期：________

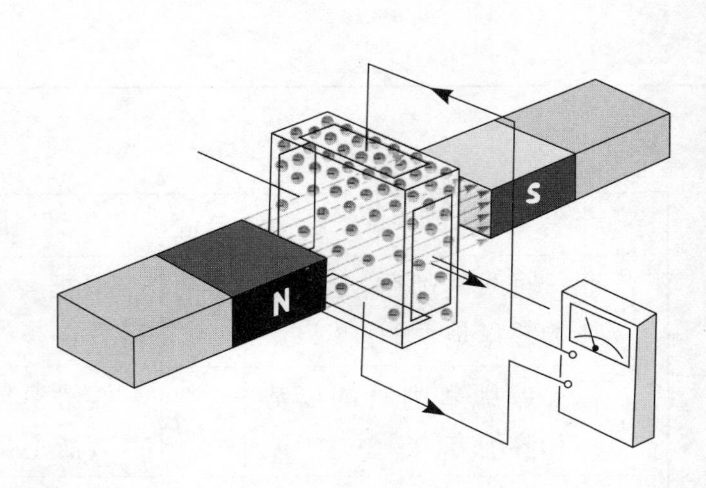

实训四

锉削

一、实训目标

通过实训,掌握平面锉削时的站立姿势和动作;懂得锉削时两手用力的方法;能掌握正确的锉削速度;懂得锉刀的维护和锉削时的安全知识。

二、相关知识

用锉刀对工件表面进行切削加工,使其尺寸、形状、位置和表面粗糙度等都达到要求,这种加工方法称为锉削。它可以加工工件的内外平面、内外曲面、内外角、沟槽和各种复杂形状的表面。在现代工业生产的条件下,仍有某些零件的加工,需要用手工锉削来完成,例如装配过程中对个别零件的修整、修理,小量生产条件下某些复杂形状的零件加工,以及样板、模具的加工等,所以锉削仍是钳工的一项重要的基本操作。锉削的精度可以达到0.01mm。

锉刀是锉削的工具,一般由碳素工具钢制成,经热处理淬硬。锉刀由锉身和手柄组成。按照功能和形状不同,分为板锉、三角锉、什锦锉等。

板锉和三角锉主要用于零件表面的锉削加工。

什锦锉主要用于对零件进行整形加工,修正零件上细小部位的尺寸和形状。

(一)锉削姿势练习

1. 锉刀柄的装、拆方法

锉刀柄的装、拆方法如图 4-1 所示。

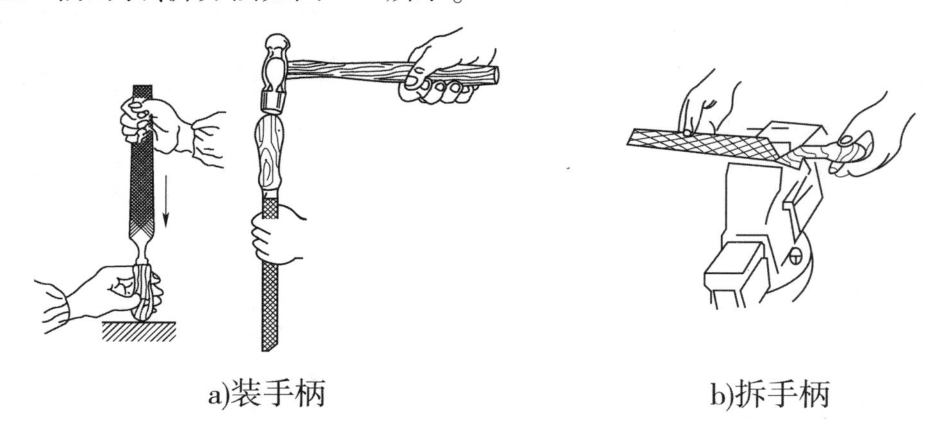

a)装手柄　　b)拆手柄

图 4-1　锉刀柄的装、拆

2. 平面锉削要求

锉削姿势正确与否,对锉削质量、锉削力的运用和发挥以及操作者的疲劳程度都起着决定影响。锉削姿势的正确掌握,必须从锉刀握法、站立步位和姿势动作以及操作用力这几方面进行,协调一致的反复练习才能达到。

1)锉刀握法

板锉大于 250mm 的握法,右手紧握锉刀柄,柄端抵在拇指根部的手掌上,大拇指放在锉刀柄上部,其余手指由下而上地握着锉刀柄,左手的基本握法是将拇指根部的肌肉压在锉刀头上,拇指自然伸直,其余四指弯向手心,用中指、无名指捏住锉刀前端,还有两种左手的握法,如图 4-2 所示。锉削时右手推动锉刀并决定推动方向,左手协同右手使锉刀保持平衡。

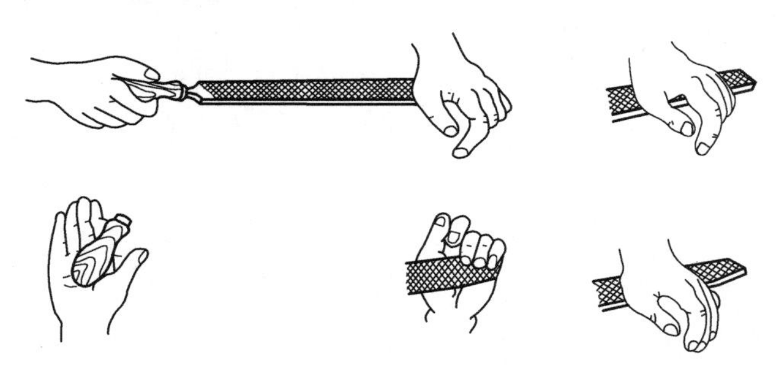

图 4-2　锉刀的握法

2)姿势、动作

锉削时的站立步位和姿势(图4-3)及锉削动作(图4-4):两手握住锉刀放在工件上面,左臂弯曲,小臂与工件锉削面的左右方向保持基本平行,右小臂要与工件锉削面的前后方向保持基本平行,但要自然。锉削时,身体先于锉刀并与之一起向前,右脚伸直并稍向前倾,重心在左脚,左膝部呈弯曲状态。当锉刀锉至约3/4行程时,身体停止前进,两臂则继续将锉刀向前锉到头,同时,左脚自然伸直并随着锉削时的反作用力,将身体重心后移,使身体恢复原位,并顺势将锉刀收回。注意锉刀收回时,两手不要加力,右手顺势将锉刀收回,当锉刀收回将近结束,身体又开始先于锉刀前倾,做第二次锉削的向前运动。

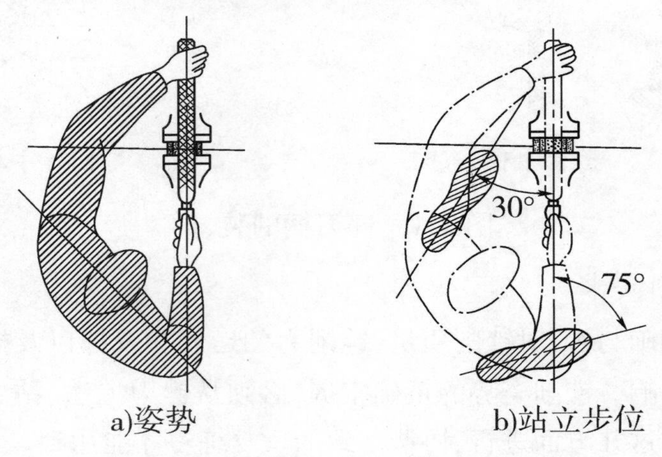

图4-3　锉削时的姿势和站立步位

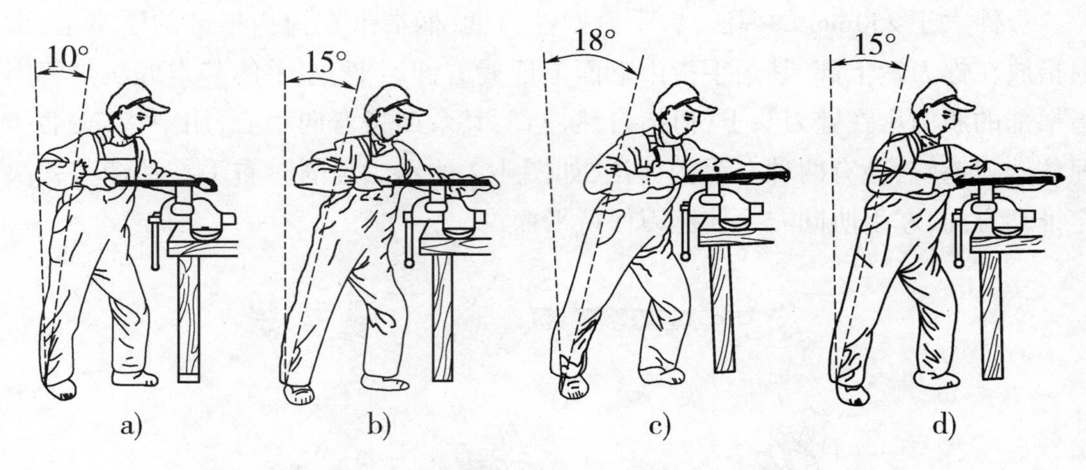

图4-4　锉削动作

3)锉削时两手的用力和锉削速度

要锉出平直的平面,必须使锉刀保持直线的锉削运动。为此,锉削时右手的压力要随锉刀推动而逐渐增加，左手的压力要随锉刀推动而逐渐减小，始终使锉刀保持水平，如图 4-5 所示。回程时不加压力，以减少锉齿的磨损。

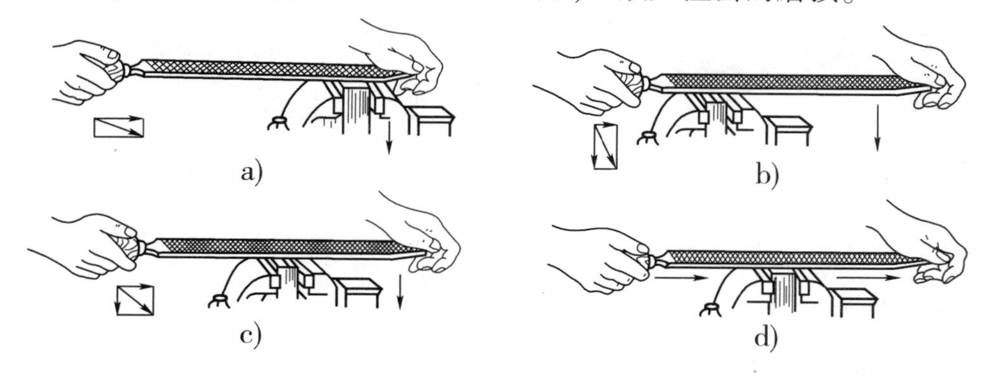

图 4-5　锉削时两手的用力

锉削速度一般应在 40 次/min 左右，推出时稍慢，回程时稍快，动作要自然协调。

（二）平面的锉法

1. 顺向锉

顺向锉就是锉刀运动方向与工件夹持方向始终一致（图 4-6）。在锉宽平面时，为使整个加工表面能均匀地锉削，每次退回锉刀时应在横向作适当的移动。顺向锉的锉纹整齐一致，比较美观，这是最基本的一种锉削方法。

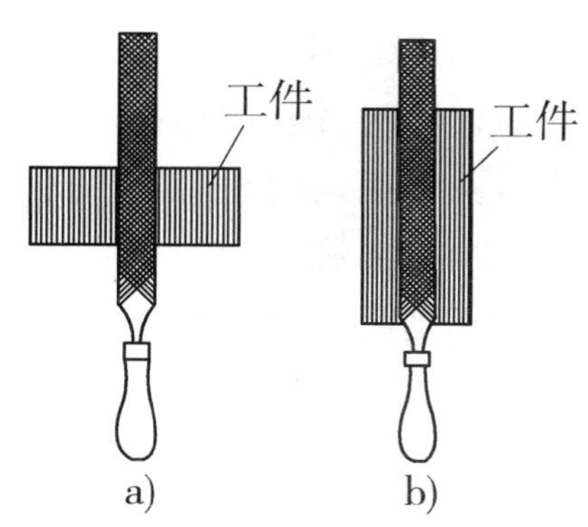

图 4-6　顺向锉

2. 交叉锉

交叉锉就是锉刀运动方向与工件夹持方向呈 30°～40°角，且锉纹交叉（图 4-7）。由于锉刀与工件的接触面大，锉刀容易掌握平稳，同时，从锉痕上可以判断出锉削面的高低情况，便于不断地修正锉削部位。交叉锉法一般适用于粗锉，精锉时必须采用顺向锉，使锉痕变直，纹理一致。

3. 推锉

推锉是两手在工件两侧对称横握住锉刀，顺着工件长度方向进行来回推动的锉削方法（图 4-8）。推锉容易将锉刀掌握平稳，提高锉削面的平面度，减小表面粗糙度值，但是推锉的效率很低，一般应用于精加工和表面修光等。推锉过程中，应该是两手之间的距离尽量小，以提高锉刀运动的稳定性。从而提高锉削面的质量。

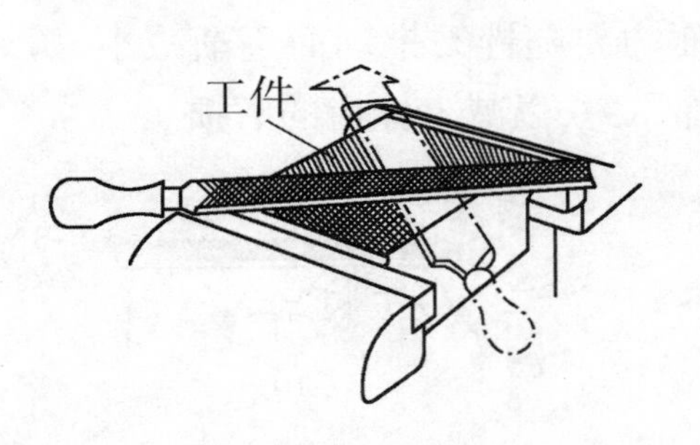

图 4-7　交叉锉

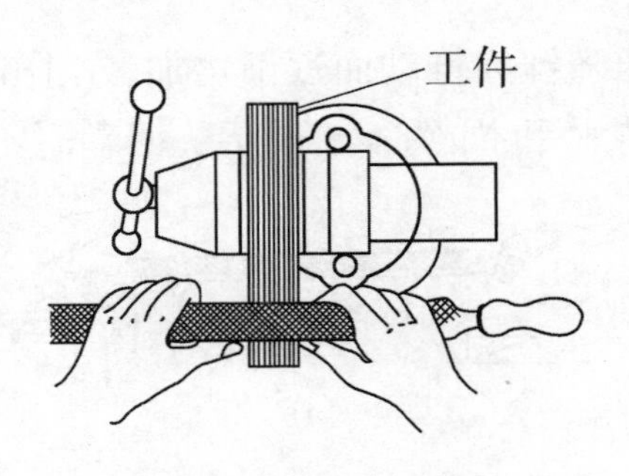

图 4-8　推锉

(三)曲面的锉法

曲面锉削包括内、外圆柱面的锉削,内、外圆锥面的锉削,球面的锉削以及各种成型面的锉削等。

1. 锉削外圆弧面

1)顺着圆弧面锉

锉削时,锉刀向前,右手把锉刀柄部往下压,右手随着将锉刀的端部往上提,沿着圆弧面均匀地切去一层(图 4-9)。该方法适合圆弧面的精加工。

2)横着圆弧面锉

锉削时,锉刀做直线运动,并不断随圆弧面摆动(图 4-10)。这种方法切削力比较大,所以效率比较高,适合圆弧面的粗加工。

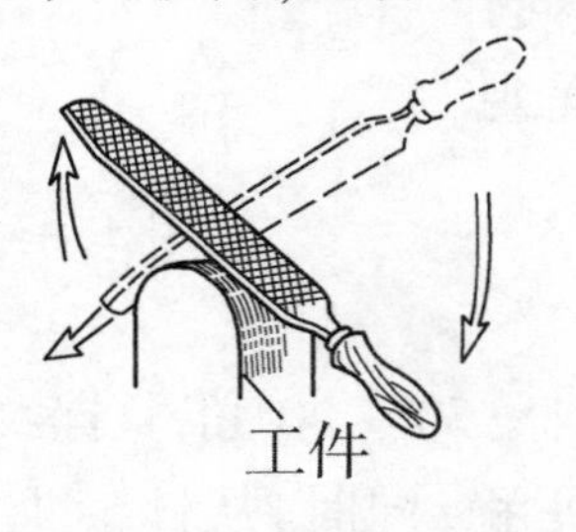

图 4-9　顺着圆弧面锉

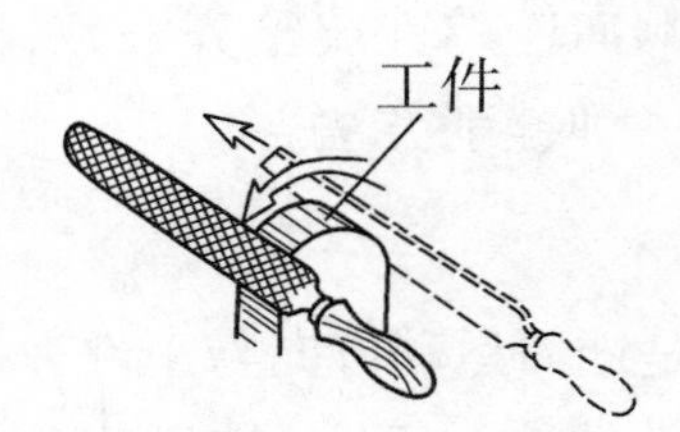

图 4-10　横着圆弧面锉

2. 锉削内圆弧面

锉削内圆弧面的锉刀可以选用圆锉、掏锉(小圆弧半径)、小圆锉、方锉(大圆弧半径)。锉削时锉刀同时完成三个动作(图 4-11):前进运动;随圆弧面向左或者向右移动;绕锉刀中心线转动。

3. 平面与曲面的连接处锉削方法

一般应该先锉削平面,然后锉削曲面。

4. 球面的锉削方法

锉削球面时,锉刀要以纵向和横向两种曲面锉法结合进行(图4-12)。锉削球面一般选用板锉,锉削运动包括纵向锉运动和横向锉运动。每种运动中,至少包括三个方向的运动:锉刀前进运动;锉刀的上下或左右摆动;锉刀绕自身中心转动。

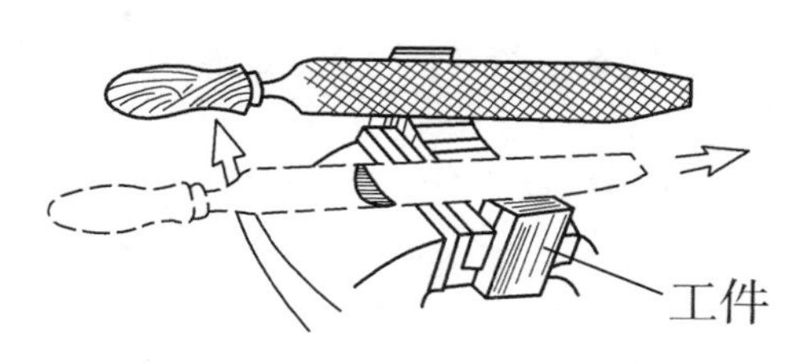

图4-11 内圆弧面的锉法

5. 曲面形状的线轮廓度检查方法

曲面形状的线轮廓度,锉削练习时可以用曲面样板并利用塞尺进行检查(图4-13)。

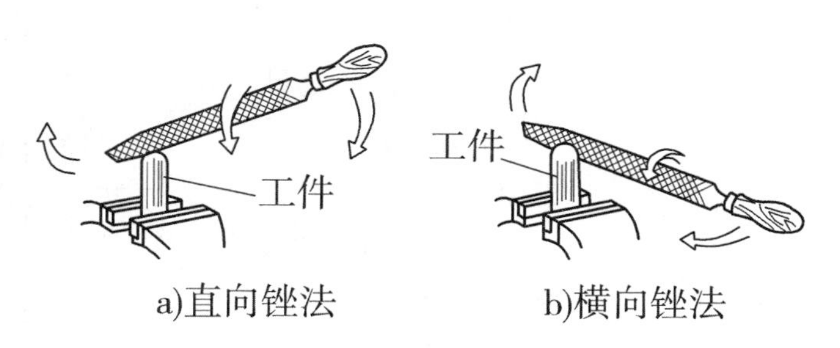

图4-12 球面的锉削方法

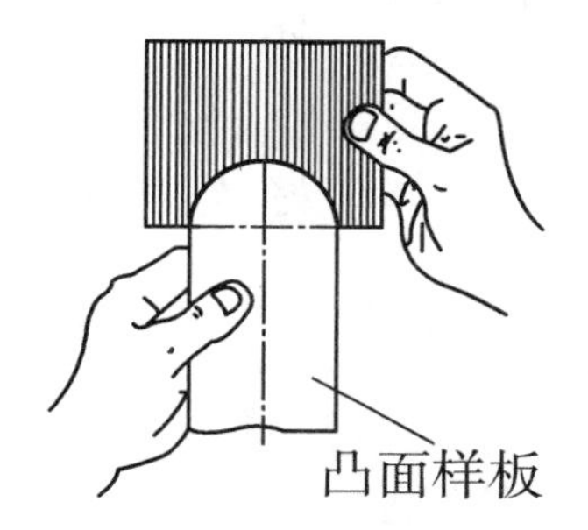

图4-13 用样板检查曲面的线轮廓

(四)锉刀的维护

(1)新锉刀要先使用一面,用钝后再使用另一面。

(2)在粗锉时,应充分使用锉刀的有效全长,既可提高锉削效率,又可避免锉齿局部磨损。

(3)锉刀上不可沾油与沾水。

(4)如锉屑嵌入齿缝内必须及时用钢丝刷沿着锉齿的纹路进行清除。

(5)不可锉毛坯件的硬皮及经过淬硬的工件。

(6)铸件表面如有硬皮,应先用砂轮磨去或用旧锉刀和锉刀的有齿侧边锉去,然后再进行正常锉削加工。

(7)锉刀使用完毕时必须清刷干净,以免生锈。

(8)无论在使用过程中或放入工具箱时,不可与其他工具或工件堆放在一起,也不可与其他锉刀互相重叠堆放,以免损坏锉齿。

(9)不允许将锉刀当作手锤、撬棒等工具使用。

(五)锉削时产生废品的种类、原因和预防的方法

锉削时产生废品的种类、原因和预防的方法见表4-1。

锉削时产生的废品及预防的方法 表4-1

废品的形式	原　　因	预 防 方 法
工件夹坏	(1)虎钳将精加工过的表面夹出凹痕来; (2)夹紧力太大,将空心件夹坏; (3)薄而且大的工件没有夹好,锉削时,工件发生变形	(1)加紧精加工工件时应该注意在工件表面安装保护片; (2)夹紧工件时,夹紧力不能过大,管料夹紧时,最好用V形木块来固定工件; (3)夹紧薄而且大的工件时,要用辅助夹具
锉削平面时中间凸起	(1)操作技术不熟练,锉削时锉刀前后摆动; (2)使用的锉刀本身存在弯曲现象	(1)掌握正确的锉削姿势,最好采用交叉锉; (2)选用锉刀时,应该先检查锉刀质量,弯曲的锉刀和表面存在问题的锉刀尽量不要选用
工件形状不准确	(1)划线时不精确; (2)锉削时的用力不均匀,每次锉削时,用力大小不同,导致每次锉削量不同,造成锉削面高低不同	(1)掌握正确的划线方法,划线时要仔细; (2)锉削时应该集中精力,锉削时注意经常测量工件尺寸,保证锉削后工件加工面的平面度符合要求
表面不光洁	(1)锉刀齿粗细选择不正确; (2)粗锉时锉痕深	(1)合理选用锉刀; (2)锉削过程中经常检查锉削面的表面粗糙度; (3)要经常清除锉刀上的锉屑

三、实训组织

本实训所用学时为6学时，每个学生1个工位。

四、实训准备

本实训按每人配备锉刀、直角尺、刀口形直尺、钢丝刷、练习件等各一套，钳工实训场所设备应配备应齐全。

五、安全注意事项

(1)锉刀是右手工具，应放在台虎钳的右面。放在钳工台上时锉刀柄不可露在钳工台外面，以免掉落地上砸伤脚或损坏锉刀。

(2)没有装柄的锉刀、锉刀柄已裂开或没有锉刀柄箍的锉刀不可使用。

(3)锉削时锉刀柄不能撞击到工件，以免锉刀柄脱落造成事故。

(4)不能用嘴吹锉屑，也不能用手擦摸锉削表面。

六、实训内容

(1)锉刀柄的装拆。

(2)平面的锉削。

(3)曲面的锉削。

七、实训步骤

(一)锉刀柄的装拆

为了握锉和便于使力，锉刀必须装上木柄。锉刀柄安装孔的深度约等于锉舌的长度。孔的大小，应使锉舌能自由插入孔中1/2的深度。装锉刀柄时用左手扶锉刀柄，用右手将锉舌插入锉刀柄内，然后放开左手，用右手把锉刀柄的下端垂直地朝钳工台上轻轻墩紧，插入的长度约等于锉舌的3/4。拆卸锉刀柄可在台虎钳上或钳工台上进行。在台虎钳上拆卸锉刀柄的方法是：把锉刀柄搁在虎钳的钳口上向下轻轻撞出来；在钳工台上拆卸锉刀柄，把锉刀柄向钳工台边急速撞击，利用惯性作用使它脱开。

(二)平面的锉法

(1)将实习件正确装夹在台虎钳中间，锉削面高出钳口面约15mm。

(2)用旧的300mm粗板锉,在实习件凸起的阶台上作锉削姿势练习。开始用慢动作练习,初步掌握后再做正常速度练习。要求全部顺向锉削,即锉刀运动方向与工件夹持方向始终一致。在锉宽平面时,为使整个加工表面能均匀地锉削,每次退回锉刀时应在横向作适当的移动。实习件锉后,最小厚度尺寸不能小于27mm。

(3)锉削已加工面的对面。以已加工面为基准面,在与其相距一定距离的地方划垂直于该加工面的垂线,锉削达到平面度、垂直度的要求。

(4)用刀口形直尺检查锉削面的平面度,应该符合要求。一般采用刀口形直尺透光法检查,如图4-14所示。检查时,将刀口直尺的测量边垂直轻放在工件被测表面上,并置于光亮处,通过接触处透光的均匀性,断定平面在该方向上是否平直,若透光均匀且微弱,则说明该方向是平的;如果透光强弱不一,则光线强处平面凹,光线弱处平面凸,如图4-15所示。用该方法检查时,必须在被测平面的纵向、横向及对角线方向多处逐一测量,以确定平面上各个方向的直线度误差,从而保证整个平面的平面度合格。使用刀口直尺时,应避免在工件表面上拖动,以免测量边磨损而引起测量误差。

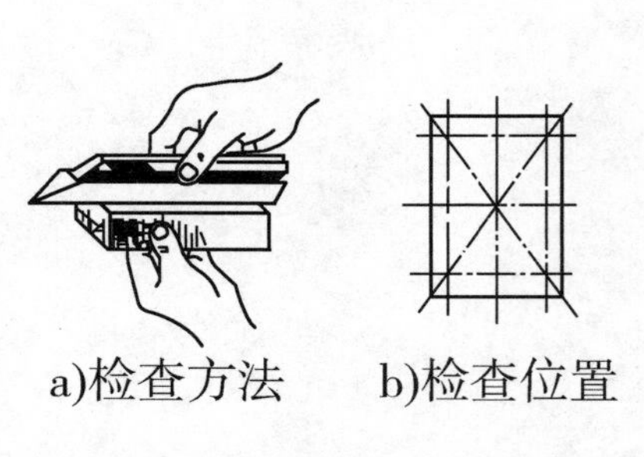

a)检查方法　　b)检查位置

图4-14　用透光法检查平面度

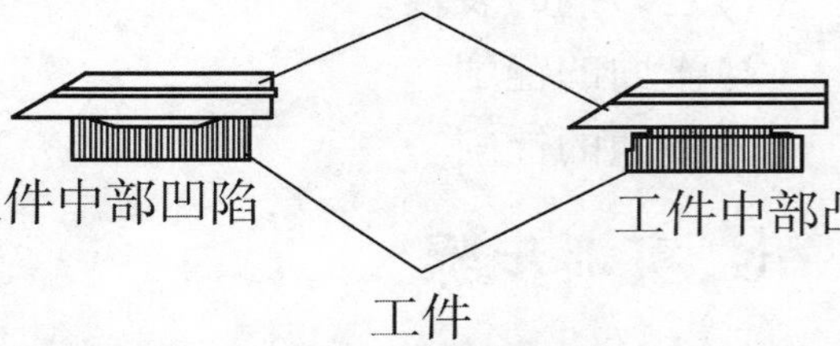

刀口形直尺

工件中部凹陷　　工件中部凸起

工件

在实际中可能出现的平面度不符合要求的结果

图4-15　出现的结果

(5)垂直度的检查。当锉削平面与有关表面有垂直度要求时,一般采用90°角尺控制,其垂直度的检查方法如图4-16所示。检查前,先将工件棱边倒钝。测量时,首先将90°角尺的基准面紧贴在工件的基准面上;然后轻轻从上向下垂直移动90°角尺,直至90°角尺的测量边与工件表面接触,此时观察其透光情况。若整个接触面间透光弱而均匀,则说明垂直度好;若透光不均匀,则说明垂直度较差。其中,若接触点靠近90°角尺基准面一端,则说明两表面夹角小于90°;反之,若接触点远离90°角尺的基准面,则说明两表面夹角大于90°。

用90°角尺检查垂直度应注意两点:

①在测量的整个过程中,应使90°角尺的基准面与工件的基准面始终贴合,

如图4-16a)所示。

②要上、下垂直地拉动90°角尺去检查,不得歪斜,如图4-16b)所示是错误的。

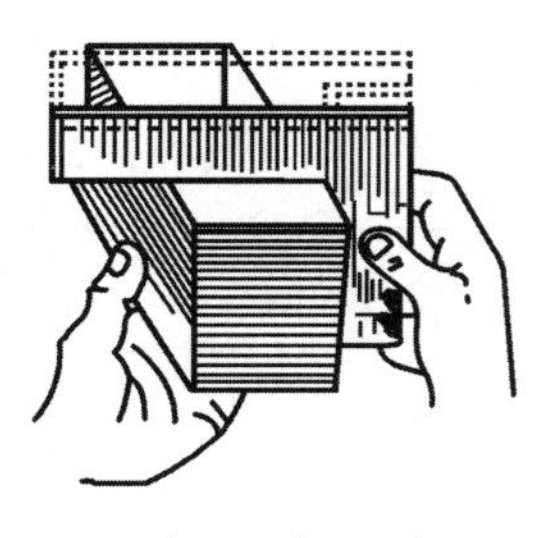

a)正确的检查方法

b)错误的检查方法

图4-16　用90°直角尺检查垂直度

(三)曲面的锉法

(1)将实习件正确装夹在台虎钳中间,锉削面高出钳口面约15mm。

(2)锉削时,锉刀做直线运动,并不断随圆弧面摆动。

(3)曲面形状的线轮廓,锉削后可以用曲面样板通过塞尺进行检查。

(四)注意事项

(1)锉削是钳工的一项重要基本操作,正确的姿势是掌握锉削技能的基础,因此要求必须练好。

(2)初次练习,会出现各种不正确的姿势,特别是身体和双手动作不协调,要随时注意及时纠正,若不正确的姿势成为习惯,纠正就困难了。

(3)在练习姿势动作时,也要注意体会两手用力如何变化才能使锉刀在工件上保持直线运动。

(4)锉削平面时,应该首先采用交叉锉法,最后必须采用顺向锉法,锉纹方向一致。

八、实训成果

(1)通过对工件的加工来检验是否能够正确进行锉削平面。

(2)通过对工件的加工来检验是否能够正确进行锉削曲面。

(3)通过对工件的加工来检验是否能够正确使用锉刀。

(4)通过对工件进行测量来检验是否能够正确对工件进行检查。

九、实训考评

锉削实训考评记录表见表4-2。

锉削实训考评记录表　　表4-2

班级:________　学号:________　姓名:________

序号	考评内容	分值	评分标准	得分	扣分原因
1	能根据加工工件材料的不同正确选择和使用锉刀	5分	选择错误或使用错误1件/次,扣2分		
2	锉刀刀柄的正确更换和安装	5分	安装错误,扣5分		
3	锉削时工件的夹持是否正确、合理	10分	工件夹持不当,扣10分		
4	平面锉削时的姿势和锉削方法	10分	姿势不当,扣5分; 方法不当,扣5分		
5	外圆弧面锉削时的姿势和锉削方法	10分	姿势不当,扣5分; 方法不当,扣5分		
6	内圆弧面锉削时的姿势和锉削方法	10分	姿势不当,扣5分; 方法不当,扣5分		
7	球面锉削时的姿势和锉削方法	10分	姿势不当,扣5分; 方法不当,扣5分		
8	锉削加工后工件的尺寸误差≤±0.5mm	15分	尺寸超过误差,扣15分		
9	锉削加工后工件的平面度≤±0.15mm、相邻加工面的垂直度≤±0.15mm	15分	尺寸超过误差,扣15分		

续上表

序号	考评内容	分值	评分标准	得分	扣分原因
10	操作中的安全、文明生产	10分	违章操作，视情节扣分		
11	成绩总评				

教师评语：

教师签名：________

日　　期：________

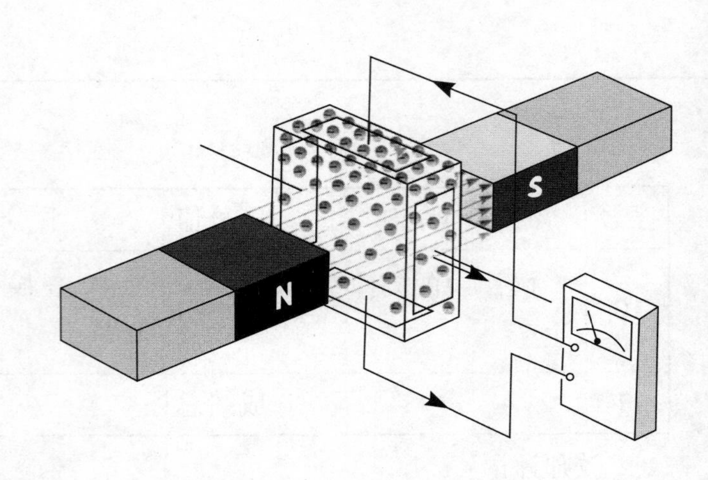

实训五

锯割

一、实训目标

通过本实训,能对各种形体材料进行正确的锯割,操作姿势正确,并能达到一定的锯割精度;能根据不同材料正确选用锯条,并能正确装夹;熟悉锯条折断的原因和防止方法,了解锯缝产生歪斜的几种因素;做到安全和文明操作。

二、相关知识

用锯条把原材料或工件(毛坯、半成品)分割成几个部分的加工方法称作锯割。长、大原材料和工件的切割通常用机械锯、剪板机、气割、电割等方法。这些加工方法一般不属于钳工的工作范围。钳工做的锯割工作是用手锯来手工锯割,常做的工作有:

(1)锯断各种原材料或半成品,如图5-1a)所示;

(2)锯掉工件上多余部分,如图5-1b)所示;

(3)在工件上锯槽,如图5-1c)所示。

(一)手锯构造

手锯由锯弓和锯条构成。锯弓是用来安装锯条的,它有可调式和固定式两种。固定式锯弓只能安装一种长度的锯条;可调式锯弓(图5-2)通过调整可以安装几种长度不同的锯条,并且它的锯柄形状便于用力,所以目前被广泛使用。

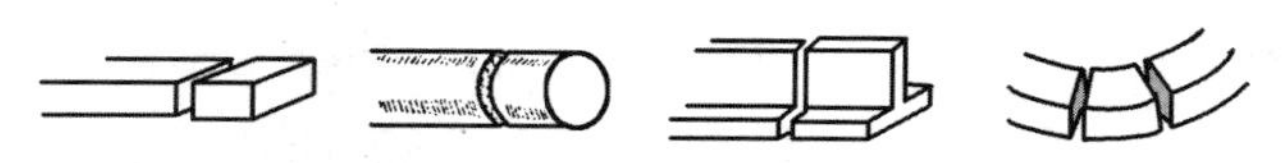

a)锯断各种原材料或半成品

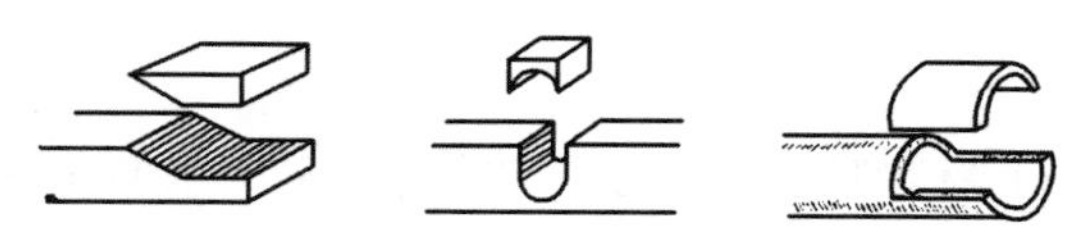

b)锯掉工件上多余部分

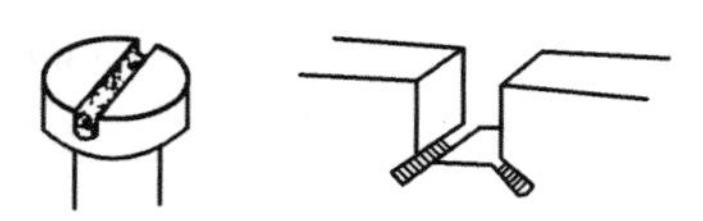

c)在工件上锯槽

图5-1 手工锯割常做的工作

(二)锯条的正确选用及安装

锯弓上所用的锯条,主要是单面齿锯条。锯条的长度用锯条两端中心孔的距离来表示,一般锯条的长度为300mm。

锯割时,锯入工件越深,缝道两边对锯条的摩擦阻力就越大,甚至把锯条夹住。为了避免锯条在锯缝中被夹住,锯齿就做成几个向左,几个向右,形成波浪形(凹凸锯路)或折线形的锯齿排列,如图5-3所示。各个锯齿的作用相当于一排同样形状的錾子。

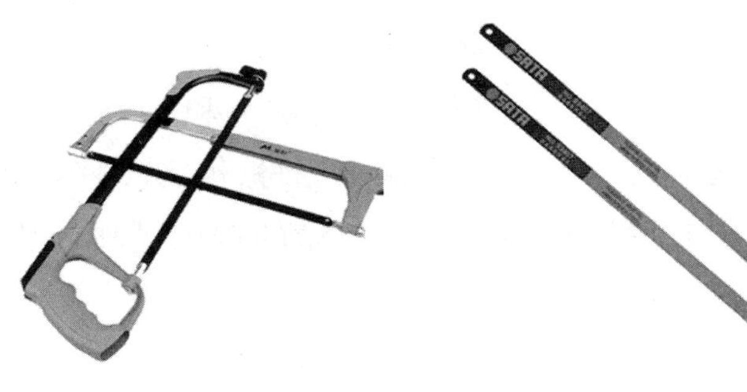

图5-2 可调式锯弓　　图5-3 锯齿

锯条一般用渗碳软钢冷轧而成,也有用碳素工具钢或合金钢制成,并经热处理淬硬。锯割的时候,要切下较多的锯屑,因此锯齿间要有较大的容屑空间。齿距大的锯条容屑空间大,称为粗齿锯条;齿距小的称细齿锯条。一般说在25mm长度内有14~18个齿的为粗齿锯条;在25mm长度内有24~

32 个齿的为细齿锯条。锯条齿纹的粗、细应根据所锯材料的硬度、材料的厚薄来选择。

(1)锯割软材料或厚的材料时应该选用粗齿锯条。锯割软的材料时,锯条容易切入,锯屑厚而多,锯割厚材料时锯屑也比较多,所以要求有较大的容屑空间容纳锯屑,应选用粗齿锯条。若用细齿锯条则锯屑容易堵塞,只能锯得很慢,浪费工时,很不经济。

(2)锯割硬材料或薄材料时应该选用细齿锯条。锯割硬材料时,锯齿不易切入,锯割量少,就不需要很大的容屑空间。若再用粗齿锯条,则同时工作齿数少了,锯齿容易磨损。锯割薄料时若用粗齿锯条,则锯割量往往集中在 1 ~ 2 个齿上,锯齿就易崩裂。而用细齿锯条就可避免,用细齿锯条锯割时一般至少有 3 个齿同时工作。选择锯齿粗、细,在决定锯割方法时都要考虑到。

一般说,粗齿锯条适用于锯割纯铜、青铜、铝、层压板、铸铁、低碳钢和中碳钢等;细齿锯条适用于锯割硬度高的钢、各种管子、薄板料、电缆、薄的角铁等。

(三)手锯握法和锯削姿势、压力及速度

1. 握法

右手满握锯柄,左手轻扶在锯弓前端,如图 5-4 所示。

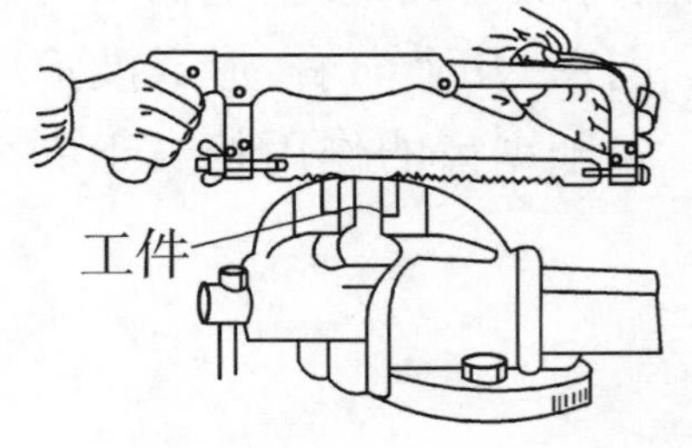

图 5-4　手锯的握法

2. 姿势

锯割时的站立位置和身体摆动姿势与锉削基本相似,摆动要自然。

3. 压力

锯割运动时,推力和压力由右手控制,左手主要配合右手扶正锯弓,压力不要过大。手锯推出时为切削行程,应施加压力,返回行程不切削,不加压力作自然拉回。工件即将锯断时,应注意工件不要掉落。

4. 运动和速度

锯割运动一般采用小幅度的上、下摆动式运动。即手锯推进时,身体略向前倾,双手随着身体压向手锯的同时左手上翘,右手下压;回程时右手上抬,左手自然跟回。对锯缝底面要求平直的锯割,必须采用直线运动。锯割运动的速度一般为 40 次/min 左右,锯割硬材料慢些,锯割软材料快些,返回行程的速度应相对快些。同时,锯割行程应保持一致。

(四)锯割操作方法

1. 工件的夹持

工件一般应夹持在台虎钳的左面,以便操作,工件伸出钳口不应过长(应使锯缝离开钳口侧面10mm左右),以防止工件在锯割时产生振动;锯缝线要与钳口侧面保持平行(使锯缝线与铅垂线方向一致),便于控制锯缝不偏离划线线条;夹紧要牢靠,同时要避免将工件夹变形和夹坏已加工面。

2. 锯条的安装

手锯是在前推时才起切削作用,因此锯条安装应使齿尖的方向朝前(图5-5),如果装反了,则锯齿前角为负值,就不能正常锯割了。

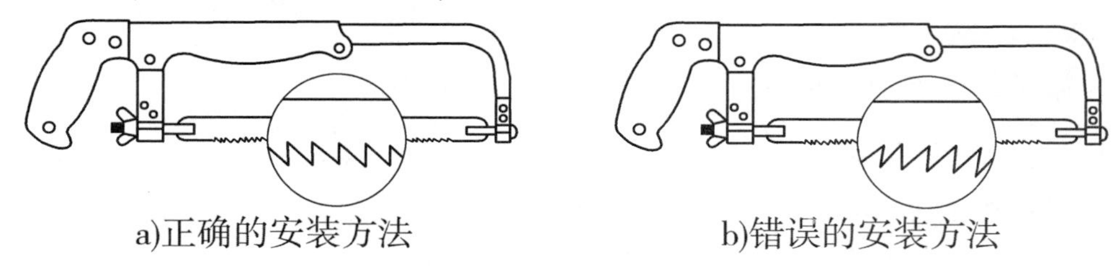

a)正确的安装方法　　b)错误的安装方法

图5-5　锯条的安装

锯条安装时要注意:

(1)锯条的锯齿必选超前;

(2)锯条安装在锯弓上,必须保证锯条在锯弓的平面内或者与锯弓的平面平行;

(3)锯条安装在锯弓上,用手掰动锯条,应感觉硬实不发生扭曲。

3. 起锯方法

起锯是锯割工作的开始,起锯质量的好坏,直接影响锯割质量。如果起锯不当,一是常出现锯条跳出锯缝将工件拉毛或者引起锯齿崩裂,二是起锯后的锯缝与划线位置不一致,将使锯割尺寸出现较大偏差。起锯有远起锯[图5-6a)]和近起锯[图5-6b)]两种。起锯时,左手拇指靠住锯条(图5-7),使锯条能正确地锯在所需要的位置上,行程要短,压力要小,速度要慢。起锯角为15°左右,如果起锯角太大,则起锯不易平稳,尤其是近起锯时锯齿会被工件棱边卡住引起崩裂[图5-6c)]。但起锯角也不宜太小,否则,由于锯齿与工件同时接触的齿数较多,不易切入材料,多次起锯往往容易发生偏离,使工件表面锯出许多锯痕,影响表面质量。

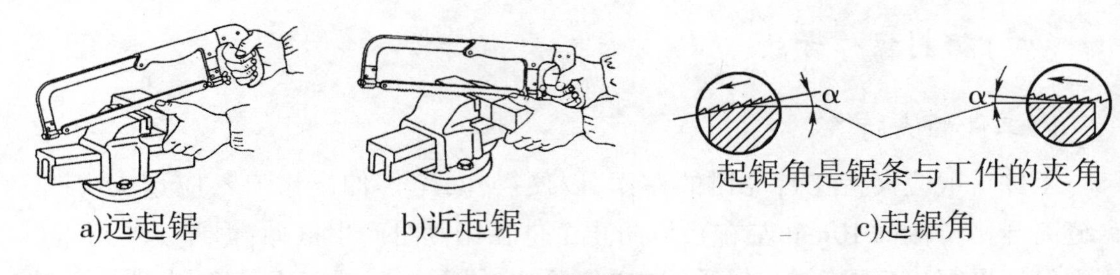

图 5-6　起锯的方法

一般情况下采用远起锯较好，因为远起锯锯齿是逐步切入材料，锯齿不易卡住，起锯也较方便。如果用近起锯而掌握不好，锯齿会被工件的棱边卡住，此时也可采用向后拉手锯作倒向起锯，使起锯时接触的齿数增加，再作推进起锯就不会被棱边卡住。起锯锯到槽深 2～3mm，锯条已不会滑出槽外，左手拇指可离开锯条，扶正锯弓逐渐使锯痕向后（向前）成为水平，然后往下正常锯割。正常锯割时应使锯条的全部有效齿在每次行程中都参加切削。

4. 棒料的锯割

如果锯割的断面要求平整，则应从开始连续锯到结束。若锯出的断面要求不高，可分几个方向锯下，这样，由于锯割面变小而容易锯入，可提高工作效率（图 5-8）。

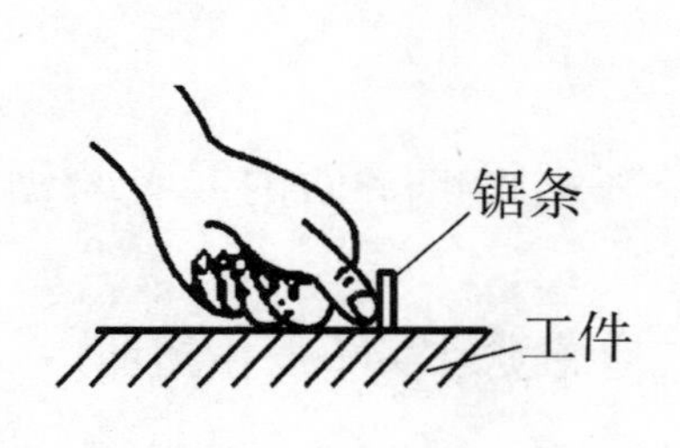

图 5-7　起锯时的导向

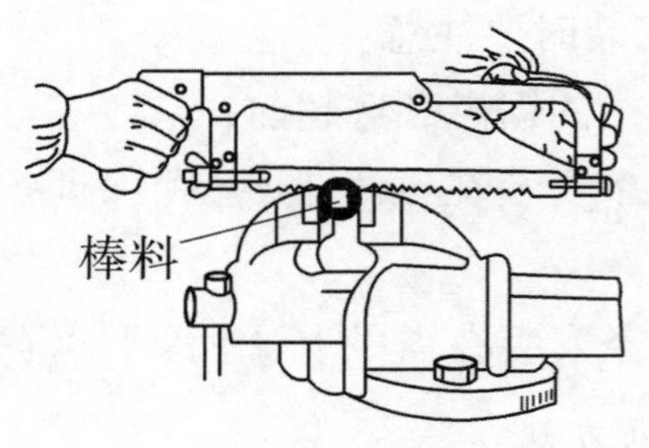

图 5-8　棒料的锯削

5. 管子的锯割

锯割管子前，可划出垂直于轴线的锯割线，由于锯割时对划线的精度要求不高，最简单的方法可用矩形纸条（划线边必须直）按锯割尺寸绕住工件外圆，然后用滑石划出。锯割时必须把管子夹正。对于薄壁管子和精加工过的管子，应夹在有 V 形槽的两木衬垫之间[图 5-9a）]，以防将管子夹扁和夹坏表面。

锯割薄壁管子时先在一个方向锯到管子内壁处，然后把管子向推锯的方向转过一定角度，并连接原锯缝再锯到管子的内壁处，如此逐渐改变方向不断转锯，直到锯断为止[图 5-9b）]。

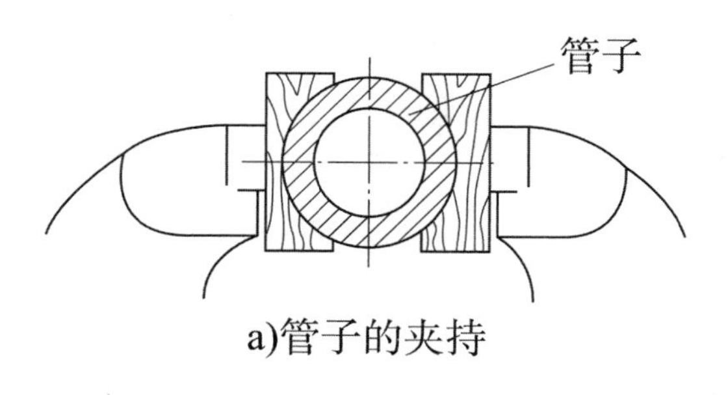

a)管子的夹持

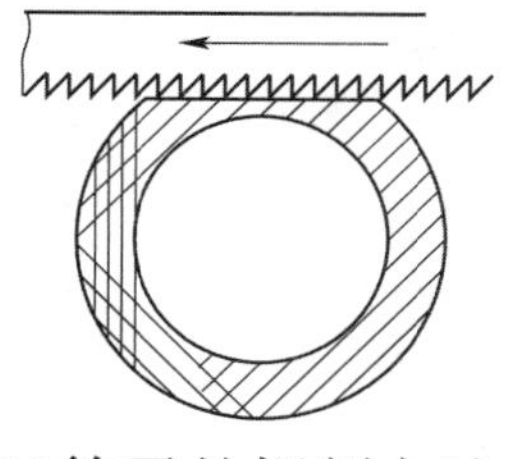

b)管子的锯割方法

图 5-9 管子的锯割

6. 薄板料的锯割

锯割时尽可能从宽面上锯下去。当只能在板料的狭面上锯下去时,可用两块木板夹持,连木板一起锯下,避免锯齿钩住[图 5-10a)]。也可以把薄板料直接夹在台虎钳上,用手锯作横向斜推锯[图 5-10b)],使锯齿与薄板接触的齿数增加,避免锯齿崩裂。

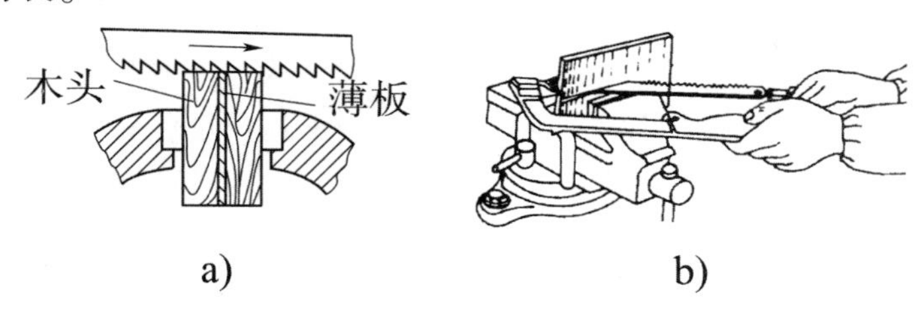

图 5-10 薄板料的锯割

7. 深缝锯割

当锯缝的深度超过锯弓的高度时[图 5-11a)],应将锯条转过 90°重新装夹,使锯弓转到工件的旁边[图 5-11b)];当锯弓横下来其高度仍不够时,也可把锯条装夹成使锯齿朝向锯内进行锯割[图 5-11c)]。注意锯条的方向转动,锯齿朝前的方向不变。

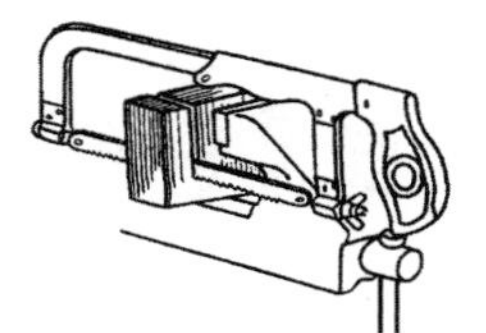

a)正常锯割不能完成工作时

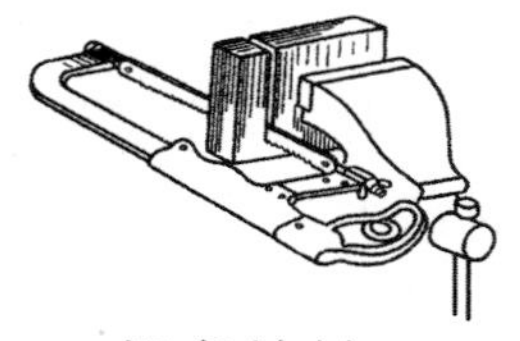

b)锯条旋转90°

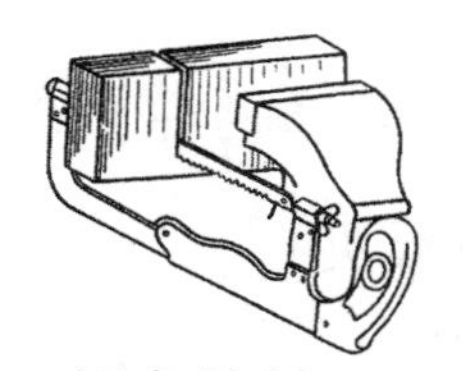

c)锯条旋转180°

图 5-11 深缝的锯割

(五)锯条损坏的原因及预防措施

锯割时锯条损坏有锯齿磨损、锯齿崩裂、锯条折断等几种类型,其原因及预防方法见表5-1。

锯条损坏类型、原因及预防方法　　表5-1

锯条的损坏类型	原　因	预防方法
锯条折断	(1)锯条装得过松或过紧; (2)工件抖动或者松动; (3)强行纠正歪斜的锯缝,锯条扭曲折断; (4)锯割时压力过大; (5)新锯条在旧锯缝中卡住	(1)装夹锯条时松紧应当适当; (2)工件装夹应当稳固,尽量使锯缝靠近钳口处; (3)锯割时,尽量使锯缝与划线重合; (4)锯割时压力适中; (5)调换新锯条后应该从新的方向锯割
锯齿崩裂	(1)锯条选择不当; (2)起锯时起锯角太大; (3)锯割运动突然摆动过大以及锯齿有过猛的撞击; (4)锯割时速度过快、行程过短,使中部锯齿剧烈磨损造成锯齿崩裂	(1)正确选用粗、细齿锯条; (2)起锯时运用合理的起锯角和起锯方向; (3)防止锯割运动突然摆动过大以及锯齿有过猛的撞击; (4)锯割时速度不能过快,行程不能过短
锯齿很快的磨损	(1)锯割时没有注意冷却; (2)锯割时速度太快; (3)没有根据材料的硬度选择合适的锯条	(1)注意选用合理的冷却方式; (2)运用合理的锯割速度,防止过快

当锯条局部几个齿崩裂后,应及时在砂轮机上进行修整,即将相邻的2~3个齿磨低成凹圆弧(图5-12),并把已断的齿根磨光。如不及时处理,会使崩裂齿的后面各齿相继崩裂。

(六)锯缝产生歪斜的原因

(1)工件安装时,锯缝线未能与铅垂线方向一致;
(2)锯条安装太松或相对锯弓平面扭曲;
(3)使用锯齿两面磨损不均的锯条;
(4)锯割压力过大使锯条左右偏摆;
(5)锯弓未扶正或用力歪斜,使锯条背偏离锯缝中心平面,而斜靠在锯割断面的一侧。

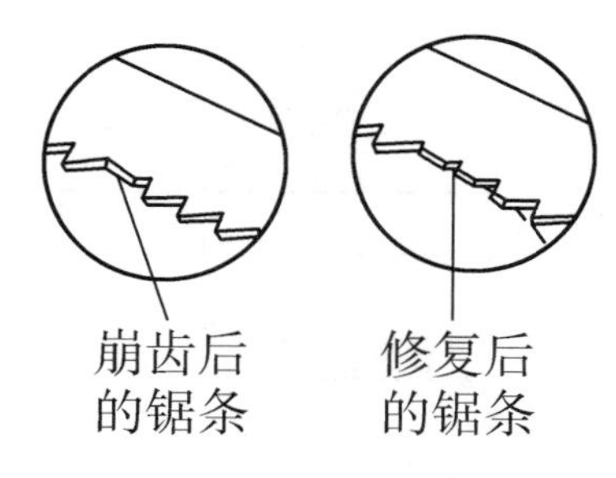

图 5-12 锯齿崩断后的修理

三、实训组织

每位学生 1 个工位,实训 6 学时。

四、实训准备

按工位每人配备锯条,锯弓,工件等实训用品各 1 套,钳工实训场所设备应配备齐全。

五、安全事项

(1)锯条要装得松紧适当,锯割时不要突然用力过猛,防止工作中锯条折断从锯弓上崩出伤人。

(2)工件将锯断时,压力要小,避免压力过大使工件突然断开,手向前冲造成伤害事故。一般工件将锯断时,要用左手扶住工件断开部分,避免掉下砸伤脚。

六、实训内容

(1)锯四方件(铸铁)。
(2)锯六角件(钢)。
(3)锯长方体(要求纵向锯)。
(4)扁钢的锯割。
(5)槽钢的锯割。

七、实训步骤

1. 划线

按图样尺寸(图 5-13)对 3 个工件实习件划出锯割线。

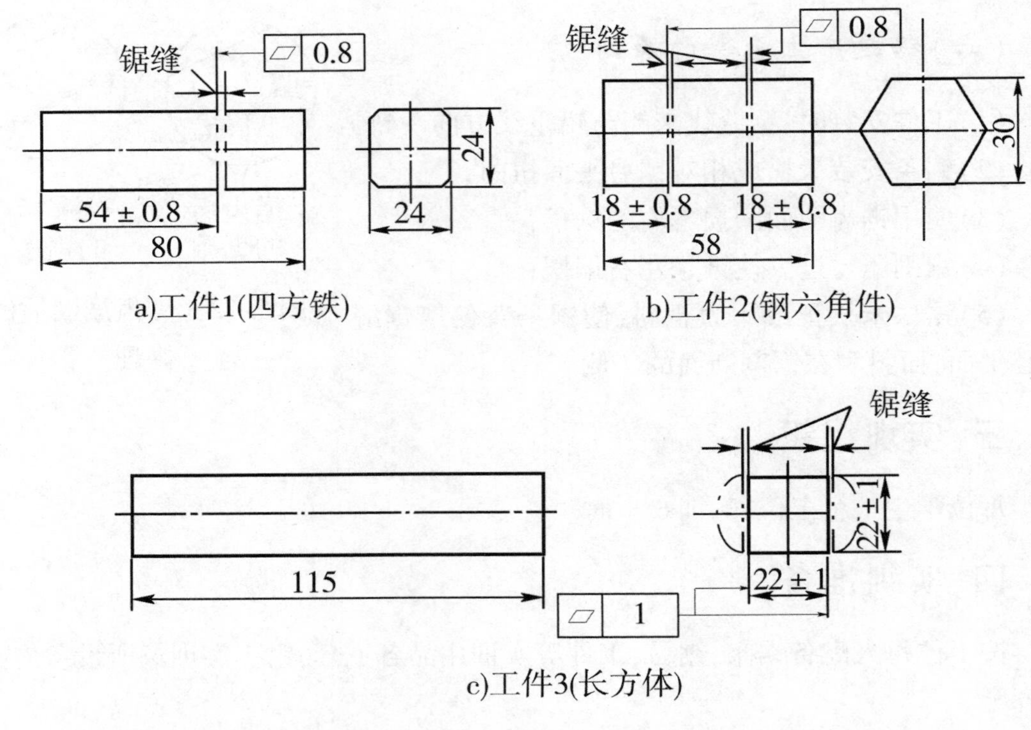

图 5-13　三件实习件图样

2. 锯四方件(铸铁)

距离划线 1.5mm 左右起锯,达到尺寸(54 ±0.8)mm、锯割断面平面度0.8mm 的要求,并保证锯痕整齐。

3. 锯六角件(钢)

在角的内侧面采用远起锯,距离划线 1.5mm 左右起锯,达到尺寸(18 ±0.8) mm、锯割断面平面度 0.8mm 的要求,并保证锯痕整齐。

4. 锯长方体(要求纵向锯)

距离划线 1.5mm 左右起锯,达到尺寸(22 ±1)mm、锯割断面的平面度 1mm 的要求,并保证锯痕整齐。

5. 扁钢锯削

应从扁钢宽的一面进行锯割,如图 5-14 所示。这样锯缝较长,同时参加锯割的锯齿多,锯往复的次数较少,因此减少锯齿被钩住和折断的危险,并且锯缝较浅,锯条不会被卡住,从而延长了锯条的寿命。如果从扁钢窄的一面起锯,如图 5-14所示,则锯缝短,参加锯割的锯齿少,锯缝深,都会使锯齿迅速变钝,甚至折断。

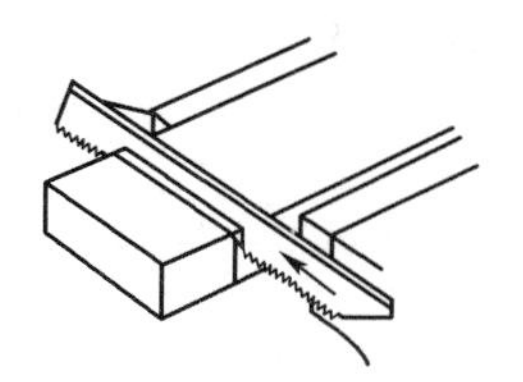

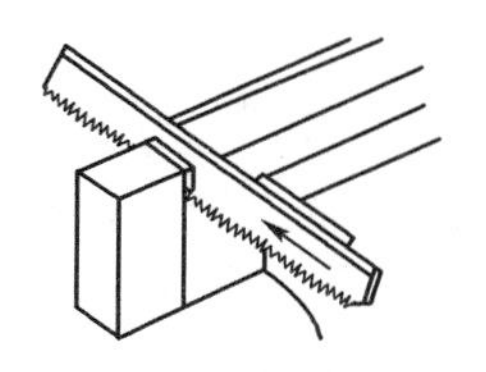

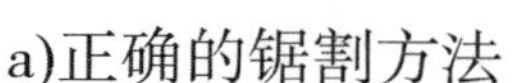

a)正确的锯割方法　　b)错误的锯割方法

图 5-14　扁钢的锯割

6. 槽钢锯割

锯割槽钢时,也应尽量在宽的一面进行锯割,因此必须将槽钢从三个方向锯割,如图 5-15 所示,这样才能得到较平整的断面,并能延长锯条的使用寿命。若将槽钢装夹一次,从上面一直锯到底,这样锯割的效率低,锯缝深而且不平整,锯齿也容易折断。

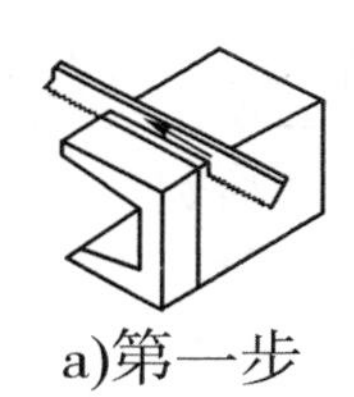

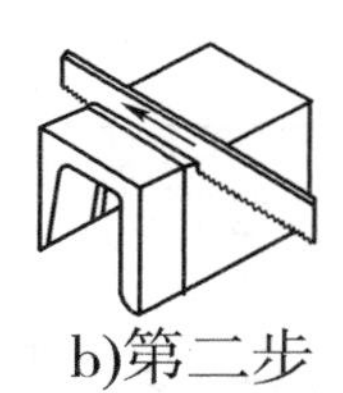

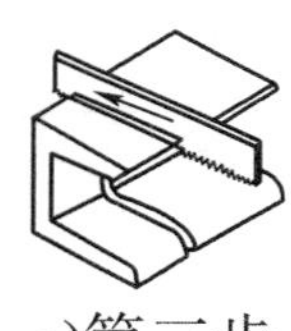

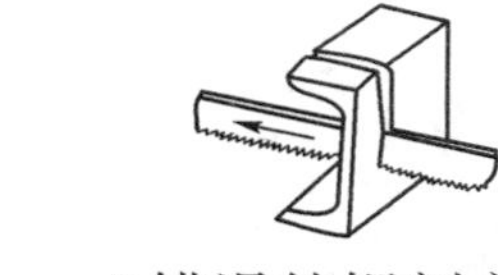

a)第一步　　b)第二步　　c)第三步　　d)错误的锯割方法

图 5-15　槽钢的锯割

7. 锯割时注意事项

(1)锯割练习时,必须注意工件的安装及锯条的安装是否正确,并要注意起锯方法和起锯角度的正确,以免一开始锯割就造成废品和锯条损坏。

(2)初学锯割,对锯割速度不易掌握,往往推出速度过快,这样容易使锯条很快磨钝。同时,也常会出现摆动姿势不自然,摆动幅度过大等错误姿势,应注意及时纠正。

(3)要适时注意锯缝的平直情况,及时借正(歪斜过多再作借正时,就不能保证锯割的质量)。

(4)在锯割钢件时,可加些机油,以减少锯条与锯割断面的摩擦并能冷却锯条,可以提高锯条的使用寿命。

(5)锯割完毕,应将锯弓上张紧螺母适当放松,但不要拆下锯条,防止锯弓上的零件丢失,并将其妥善放好。

(6)锯条应装得松紧适当,锯割时不可突然用力,以防锯条折断后崩出伤人。

(7)工件将要锯断时,应减小压力,避免因工件突然断开,手仍用力向前冲,产生事故。应用左手扶持工件断开部分,减慢锯割速度逐渐锯断,避免工件掉下砸伤脚。

八、实训成果

(1)通过本实训,来检验是否能够正确安装锯条。

(2)通过对工件的加工来检验是否能够正确对各种不同的工件进行锯割操作。

(3)通过实训,了解锯割加工中出现的错误,从而避免各种损失的产生。

九、实训考评

锯割实训考评记录表见表5-2。

锯割实训考评记录表 表5-2

班级:________ 学号:________ 姓名:________

序号	考评内容	分值	评分标准	得分	扣分原因
1	能根据加工工件材料的不同正确选择锯条	5分	选择错误或使用错误1件/次,扣2分		
2	锯条的正确更换和安装	5分	安装错误,扣5分		
3	锯割时工件的夹持是否正确、合理	10分	工件夹持不当,扣10分		
4	管料锯割时的起锯方法和锯割方法	15分	起锯方法不当,扣5分; 锯割方法不当,扣10分		
5	薄板锯割时的起锯方法和锯割方法	15分	起锯方法不当,扣5分; 锯割方法不当,扣10分		

续上表

序号	考评内容	分值	评分标准	得分	扣分原因
6	深缝锯割时的起锯方法和锯割方法	15 分	起锯方法不当,扣 5 分; 锯割方法不当,扣 10 分		
7	锯割后端面是否平直、锯痕是否整齐	10 分	按平直度得分		
8	锯割加工后工件的尺寸误差≤ ±0.5mm	15 分	尺寸超过误差,扣 15 分		
9	操作中的安全、文明生产	10 分	违章操作,视情节扣分		
10	成绩总评				

教师评语:

教师签名:________

日　　期:________

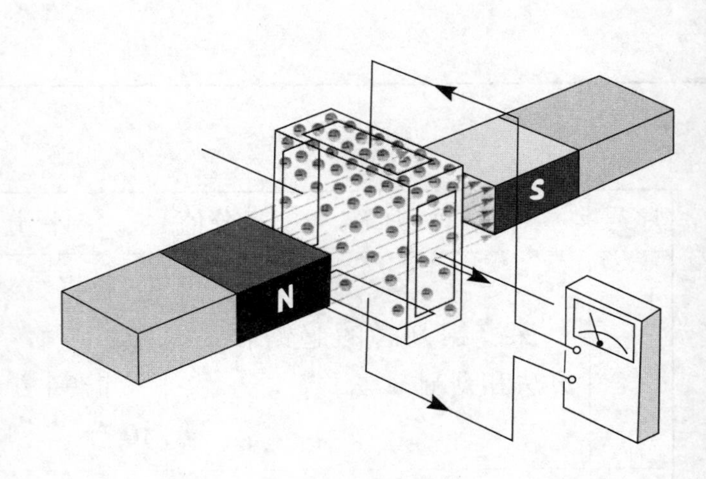

实训六

钻孔

一、实训目标

通过本实训,了解台钻的规格,性能和使用方法;掌握钻头的磨削方法;掌握钻孔时工件的夹装方法;能够独立进行钻孔作业。

二、相关知识

(一)钻头

1. 钻头的类型和组成

钻头的种类较多,有扁钻、中心钻、麻花钻等,其中麻花钻是最常用的一种钻头。一般是用高速钢(W18Cr4V 或 W9Cr4V2)制成,淬火后硬度为 HRC62 ~ 68。它有锥柄和柱柄两种。麻花钻由柄部、颈部和工作部分组成,如图 6-1 所示。

柄部是麻花钻的夹持部分,钻孔时用来传递扭矩和轴向力。有锥柄和直柄两种,一般直径小于 φ13mm 的钻头做成直柄;大于 φ13mm 的钻头做成锥柄,锥柄为莫氏圆锥体。

颈部是工作部分与柄部之间的过渡部分,一般钻头的规格和标号都刻注在颈部。

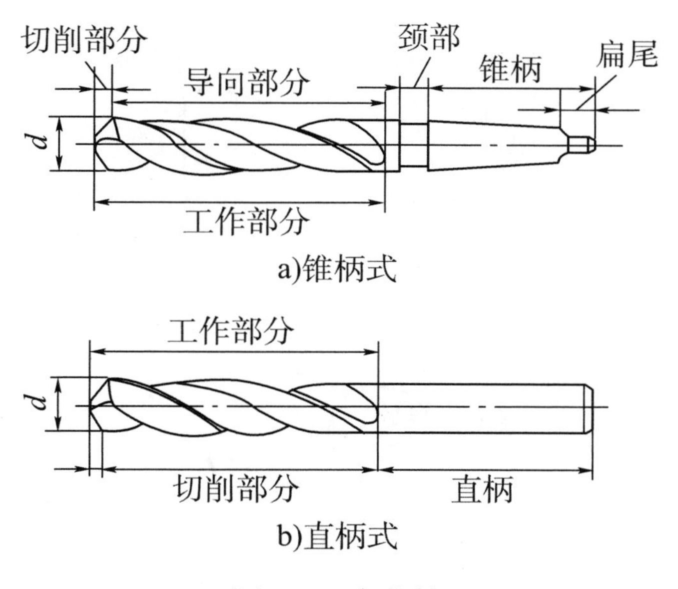

图6-1　麻花钻

工作部分由切削部分和导向部分组成。切削部分是指两条螺旋槽形成的主切削刃及横刃,起主要切削作用。麻花钻的切削部分如图6-2所示。其几何形状由两个前倾面、两个后隙面、两条主切削刃、两条副切削刃(棱刃)和一条横刃组成。导向部分有两条对称的螺旋槽,起排屑和输送切削液的作用。

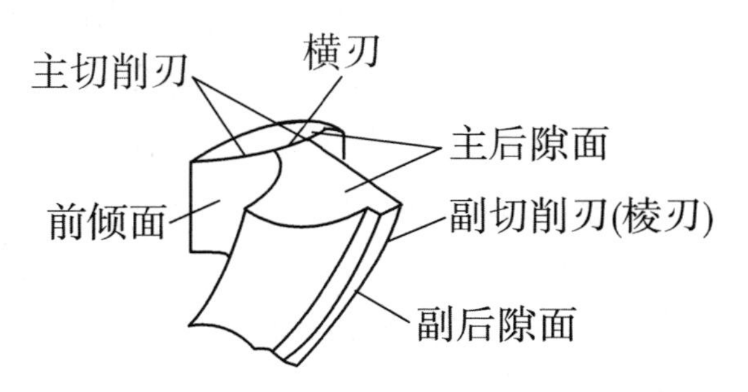

图6-2　麻花钻切削部分的构成

2. 钻头的切削角度

麻花钻螺旋槽表面称为前倾面,切屑沿着这个表面流出。切削部分顶端两曲面称为主后隙面 ,它与工件加工表面(孔底)相对应(图6-3)。钻头的棱边(刃带)是与已加工表面相对的表面,称为副后隙面。前倾面与主后隙面的交线是主切削刃,钻头上共有两条主切削刃。两个主后隙面的交线是横刃。前倾面与副后隙面的交线是副切削刃,也就是棱刃。所以钻头共有五个刀刃:二条主切削刃、一条横刃担负切削作用,二条棱刃担负修光作用。

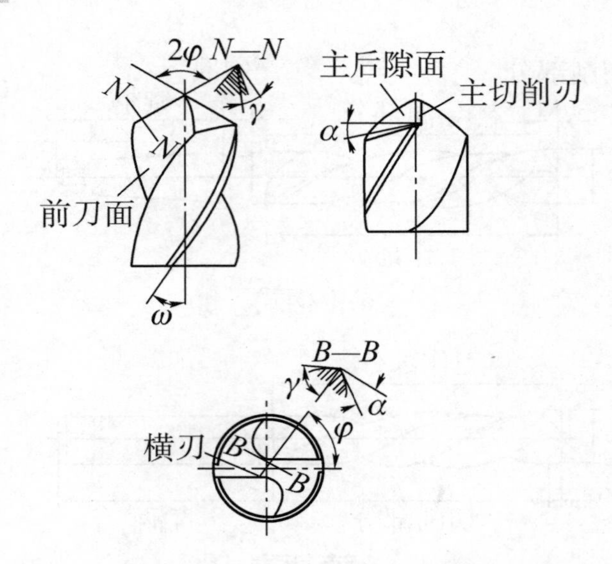

图 6-3　麻花钻的切削角度

钻头两主切削刃间夹角 2φ 称为顶角。顶角大,钻尖强度大,但钻削时轴向力大。顶角小,轴向力小,但钻尖瘦弱。一般钻硬材料顶角磨得大,钻软材料顶角磨得小。目前工具厂出品的标准钻头,顶角磨成 $118° \pm 2°$。

钻头的螺旋槽一般都是右旋的(只有在自动机床上或特殊情况下才用左旋钻头)。棱刃的切线和钻头中心线的夹角称为螺旋角 ω。

钻头的前角 γ(图 6-3)与螺旋角 ω 有很大关系。螺旋角越大,前角越大。主切削刃上各点前角都不一样。在钻头外径边缘处,前角最大,为 30°左右,自外至中心逐渐减少,到半径为钻头半径的 35% 处前角约为 0°,再往里主切削刃上的前角就是负的了,靠近横刃处主切削刃上前角为 $-30°$左右。横刃上的前角为 $-64° \sim -60°$(图 6-3,B—B 剖面)。钻头的后角 α 在切削刃上各点也磨得不一样。它在外径边缘处较小,越近中心越大(通常钻心处 $\alpha = 20° \sim 26°$)。这样做的目的是为了减少横刃的负前角,并抵消由于走刀量所引起的后角减小,以改善钻心处的切削条件。

3. 标准麻花钻的缺点

标准麻花钻在结构上存在以下缺点:

(1)钻头主切削刃上各点前角变化大。外径处前角大,越靠近中心前角越小,近中心处为负前角,切削条件很差。

(2)横刃太长。横刃上有很大的负前角,切削条件非常差,实际上不是在切削而是在刮削和挤压。据试验,钻削时 50% 的轴向力和 15% 的扭矩是由横刃产生的。横刃长了,定心也不好。

(3)主切削刃全宽参加切削。各点切屑流出速度相差很大,切屑卷成很宽的螺旋卷,所占体积大,排屑不畅,切削液不容易送到切削面上。

(二)钻床及夹具

钳工经常使用的钻孔设备有手电钻、台式钻床、立式钻床和摇臂钻。

1. 台式钻床

台式钻床简称台钻,是一种小型钻床,一般用来加工小型工件上直径不大于12mm 的小孔。它由电动机、立柱、传动变速机构等主要部件组成,如图6-4 所示。它的传动变速由电动机通过 V 形带带动主轴旋转,若改变 V 形带在变速塔轮上的位置,就可以得到几种不同快慢的转速。松开螺栓可推动电动机前后移动,用以调节 V 形带的松紧。这类台钻最低转速较高,不适用于锪孔和铰孔。操纵电器转换开关,能使电动机启动、正转、反转和停止。主轴的进给运动由手动操作进给手柄控制,钻轴头架可在立柱上作上、下移动和绕立柱转动。调整时先松开头架锁紧手柄,转动调整手柄,利用齿轮、齿条装置使钻轴头架作上、下移动,待调好后再将其锁紧。工作台可在立柱上作上下升降,也可绕立柱转动到任意位置。较小工件可以放在工作台上钻孔,较大工件钻孔时,把工作台转开,直接放在台钻底座上钻孔。

a)实物图

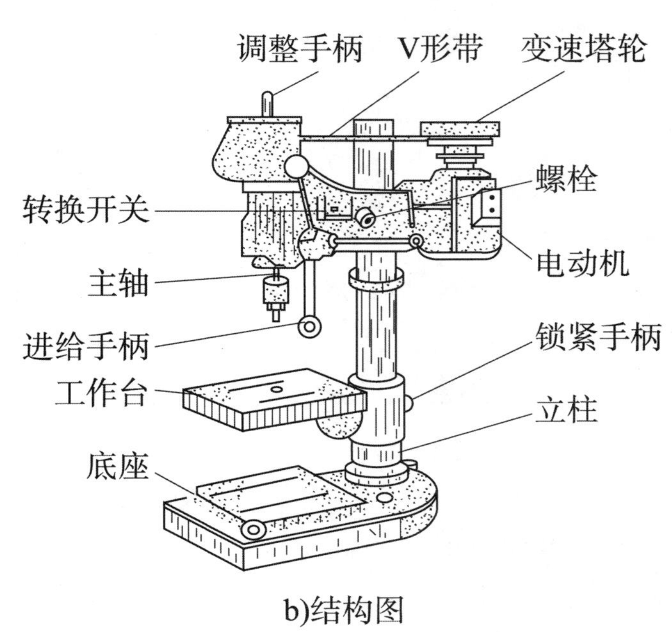

b)结构图

图6-4 台钻

台钻使用注意事项：

(1)变速时必须先停车再变速。

(2)钻孔时,必须使主轴作顺时针方向转动。

(3)钻孔时,使钻头通过工作台的让刀孔,或在工件下垫上木板以免钻坏工作台面。

(4)工作台面要保持清洁,用毕后必须对滑动面及各注油孔加注润滑油。

(5)钻大孔时,要用低的切削速度和小的切削量。

(6)在钻孔过程中,应适当的使用切削液,可以减小摩擦,冷却钻头和被加工零件,提高钻孔质量,延长钻头的使用寿命和提高加工效率。

2. 立式钻床

立式钻床简称立钻,适用于钻削中小型工件上的孔。它有自动进刀机构,切削量较大,生产效率较高。它最大钻孔直径有25mm、35mm、40mm、50mm 等几种。立钻主轴转速和进刀量有较大的变动范围,能进行钻孔、锪孔、铰孔和攻螺纹等。立钻由底座、立柱、主轴变速器、电动机、主轴箱、自动进刀箱、进给手柄和工作台等主要部分组成,如图6-5 所示。

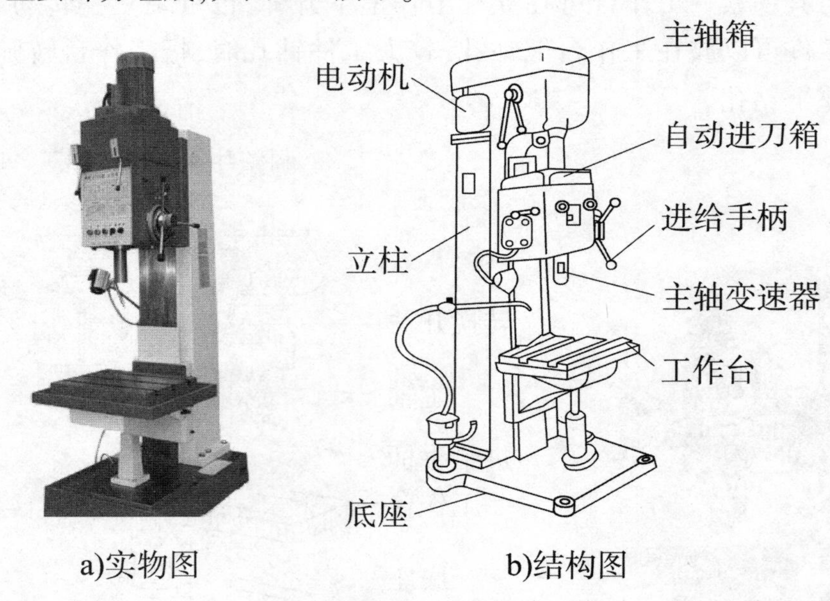

a)实物图　　b)结构图

图6-5　立钻

立钻使用注意事项：

(1)使用前先空转试车,待钻床各机构都能正常工作时才可操作。

(2)当变换主轴转速或机动进给时,必须先停车,后进行调整。

(3)各润滑系统的供油情况需经常检查。

3. 摇臂钻床

摇臂钻床适用于加工大型工件和多孔的工件，最大钻孔直径为50mm，转速范围大，可用来进行钻孔、扩孔、锪孔、铰孔及攻螺纹等多种加工。它由机座、工作台、主轴箱、立柱、摇臂和主轴等组成，如图6-6所示。摇臂能回转360°，还可沿立柱上、下升降。主轴箱能在摇臂上移动较大距离。在一个工件上加工多个孔时比立钻方便得多，工件可不移动，只要调整摇臂和主轴箱的位置就可以找到钻孔中心。

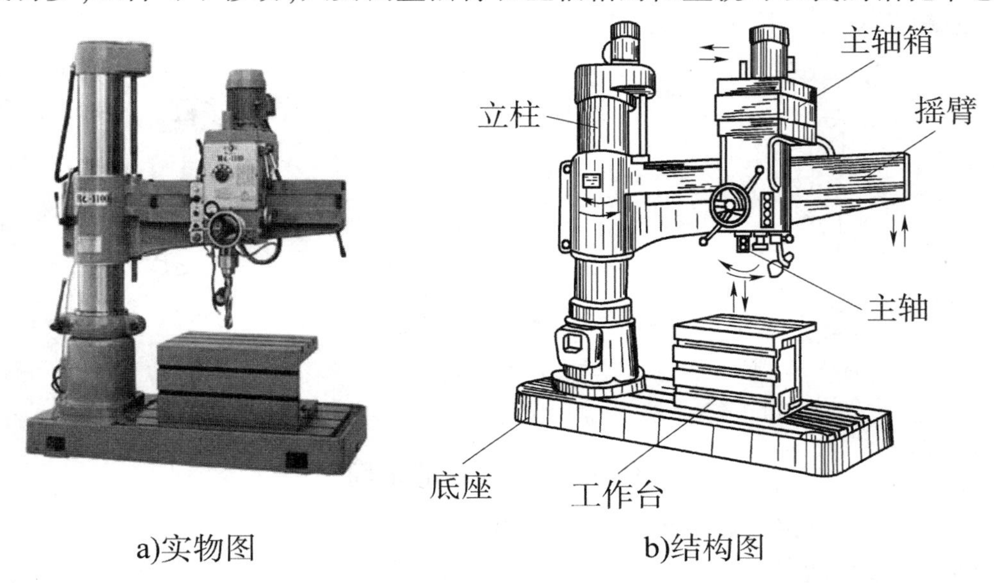

a)实物图 b)结构图

图6-6 摇臂钻床

4. 手电钻

手电钻有手提式和手轮式两种(图6-7)，电钻内部结构一般主要由电动机和两级减速齿轮组成。从适用电源分有单相(220V、36V)、三相(380V)两种。从适用最大钻孔直径分：单相有ϕ6mm、ϕ10mm、ϕ13mm、ϕ19mm四种；三相有ϕ13mm、ϕ19mm、ϕ23mm三种。

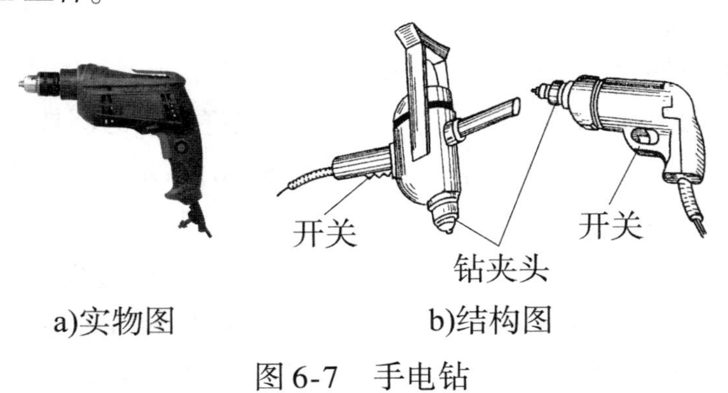

a)实物图 b)结构图

图6-7 手电钻

手电钻质量轻、体积小,携带方便,操作简单,使用灵活。一般用于工件搬动不方便或由于孔的位置不能放于其他钻床上加工的地方。

手电钻使用注意事项:

(1)使用前必须检查其规格,适用于何种电源,要认真检查电线是否完好。

(2)操作时应戴橡胶手套、穿胶鞋或站在绝缘板上。

(3)电钻钻孔的进给完全由手推进行(图6-8),使用钻头要锋利,钻孔时不得用力过猛,发现速度降低时,应立即减轻压力。

a)钻孔的位置比较高的时候

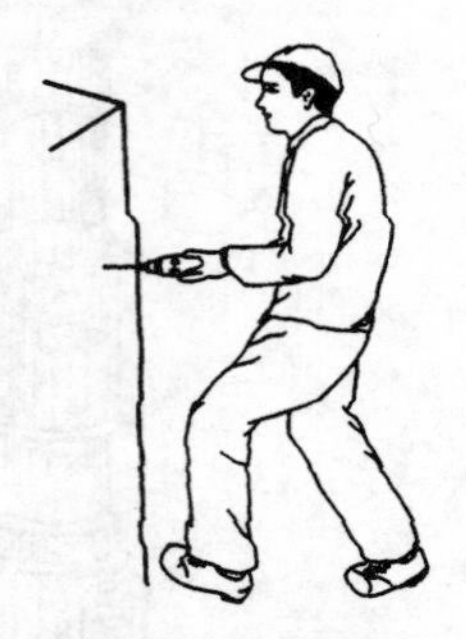

b)钻孔的位置位于腰部左右时

c)钻孔的位置比较低的时候

图6-8 手电钻钻孔的正确姿势

(4)电钻突然停止转动时,要立即切断电源,检查原因。

(5)移运电钻时,必须用手握持手柄挪动,严禁用拉电源线来拖动电钻,防止将电线绝缘外皮擦破割伤和扎坏,引起漏电事故。

5. 钻孔夹具

钻孔夹具分为钻头夹具和工件夹具两种。

1)钻头夹具

钻头夹具包括钻夹头、套筒。钻夹头用于直柄钻头的联结,套筒用于锥柄钻头的联结应用介绍如下。

(1)用钻夹头装夹钻头。钻夹头用来装夹直径小于13mm的圆柱直柄钻头,图6-9a)所示是钻夹头和钥匙的外形。装夹时,先将钻头的圆柱柄部塞入钻夹头的三卡爪内,其夹持长度不能小于15mm,如图6-9b)所示。然后用钻夹头钥匙旋转外套,使外套内环形螺母带动三只卡爪移动夹紧或松开钻头如图6-9c)所示。

(2)锥柄钻头的装拆。锥柄钻头用柄部的莫氏锥体直接与钻床主轴连接。连接时必须将钻头锥柄及主轴锥孔揩擦干净,且使矩形扁尾与主轴上的腰形孔对准,利用加速冲力一次装接,如图6-10a)所示。拆卸时用楔铁敲入钻床主轴上的腰形孔内，楔铁带圆弧的一边要向上与腰形孔接触，再用手锤敲击楔铁后端，利用楔铁斜面所产生的分力，使钻头与主轴分离，如图6-10b）所示。当钻头的锥柄小于主轴锥孔时，可加锥度套筒，如图 6-10c）所示。套筒按其锥度大小分为 5 个型号，其中：

①1 号套筒——内锥孔为 1 号莫氏锥度，外圆锥为 2 号莫氏锥度。

②2 号套筒——内锥孔为 2 号莫氏锥度，外圆锥为 3 号莫氏锥度。

③3 号套筒——内锥孔为 3 号莫氏锥度，外圆锥为 4 号莫氏锥度。

④4 号套筒——内锥孔为 4 号莫氏锥度，外圆锥为 5 号莫氏锥度。

⑤5 号套筒——内锥孔为 5 号莫氏锥度，外圆锥为 6 号莫氏锥度。

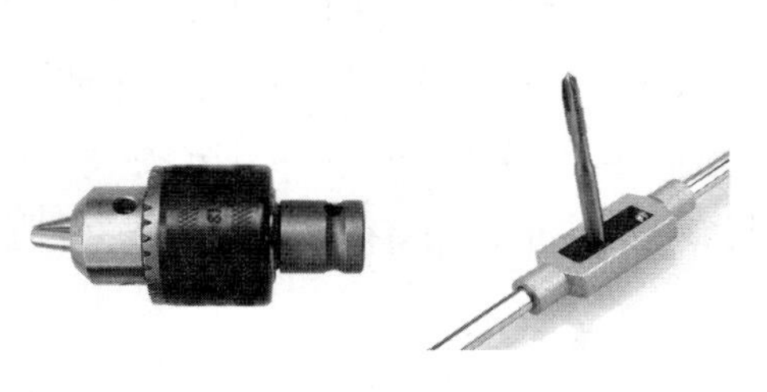

松

外套
环形螺母
卡爪
钥匙

a)钻夹头、钥匙的外形　　b)钻头的装夹　　c)钻夹头的结构

图 6-9　用钻夹头装夹钻头

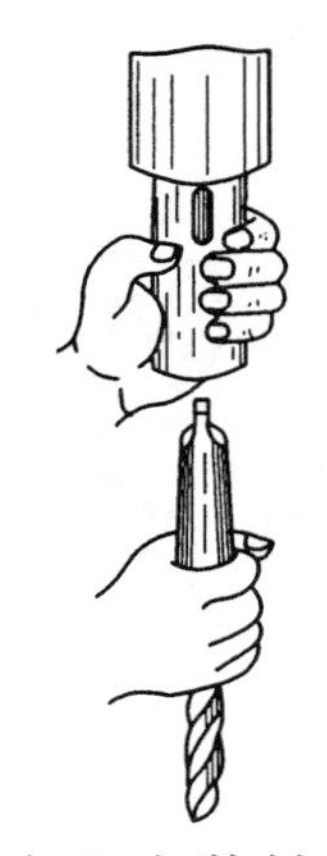

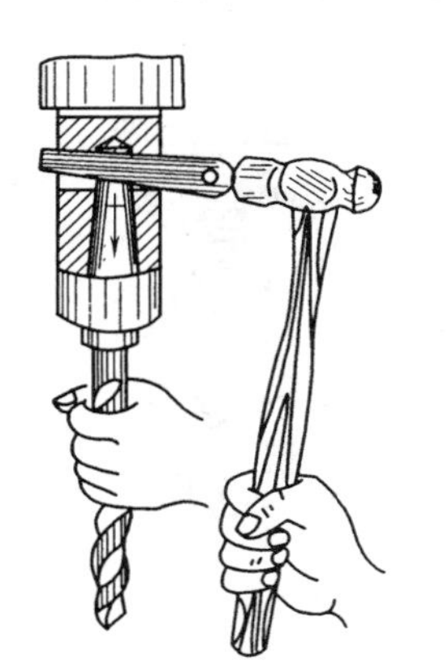

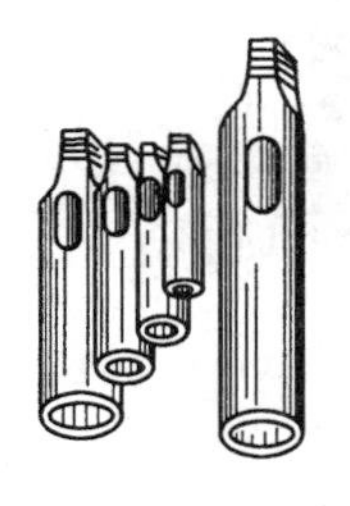

a)向上安装钻头　　b)拆卸钻头　　c)各种锥度套筒

图 6-10　锥柄钻头的装拆

当钻床主轴锥孔与钻头锥柄相差较多时，若用几个套筒配接起来使用，将增加装拆的麻烦，还增加了钻头与钻床主轴的同轴度误差。因此，可采用特制的锥套，如内锥孔为 1 号莫氏锥度，而外圆锥则为 3 号莫氏锥度或更大号数的锥度。

（3）用快换钻夹头装夹。在钻床加工不同尺寸或不同精度孔的工件时，需要经常调换直径不同的钻头或铰刀。此时,若仍用普通钻夹头或锥度套筒来装夹刀具,就很不方便,可采用快换夹头,便能做到不停机进行快换,缩短装加刀具的时间,大大提高了生产效率。

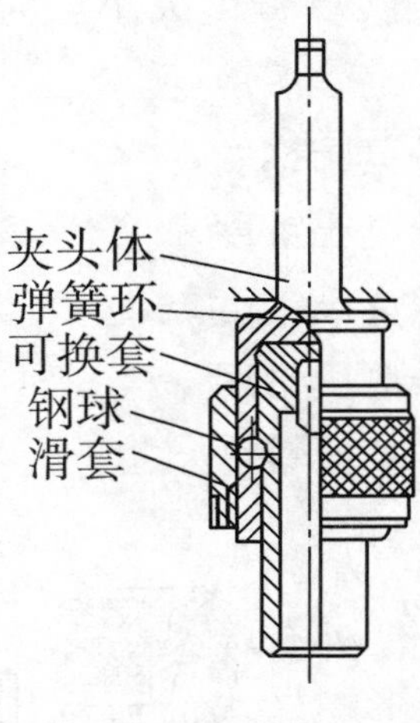

快换钻夹头的结构如图6-11所示。图中夹头体的莫氏锥柄装在钻床主轴锥孔内;可换套,根据加工孔的需要准备许多个,并预先装好所需的刀具,可换套的外圆表面有两个凹坑,嵌入钢球时便可传递动力。滑套的内孔与夹头体为间隙配合,当需要更换刀具时,不必停机,只要用手把滑套向上推,两粒钢球受离心力的作用,贴于滑套端部的大孔表面。此时便可将装有刀具的可换套取出,插入另一装有刀具的可换套,并放下滑套,使两粒钢球重新嵌入可换套的两个凹坑内,将可换套夹紧并带动刀具旋转。弹簧环有上、下两个,可限制滑套上下时的位置。

图6-11 用快换钻夹头装夹钻头

2)工件夹具

钻孔时根据工件不同的形状、钻削力以及钻孔直径的大小等情况,采用不同的装夹方法和选用不同夹具,以保证钻孔的质量和安全。常用的夹具有平口钳、V形铁、螺旋压板、角铁、手虎钳和三爪卡盘等。装夹方法如图6-12所示。

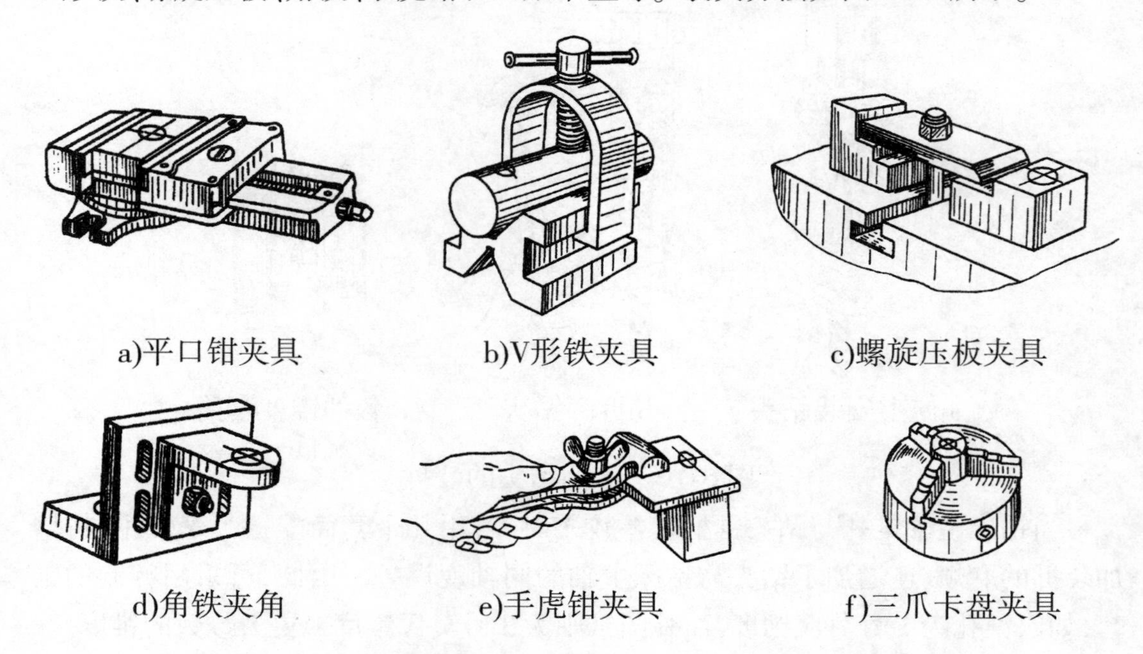

a)平口钳夹具　b)V形铁夹具　c)螺旋压板夹具

d)角铁夹角　e)手虎钳夹具　f)三爪卡盘夹具

图6-12 工件的装夹方法

(1)平口钳夹具:在平整的工件上钻孔直径大于8mm时用平口钳夹持。钻通孔时在工件下面垫一木块,平口钳用螺钉固定在钻床工作台面上,如图6-12a)所示。

(2)V形铁夹具:在轴、钢管、套筒等圆柱形类工件上钻孔时,可将工件放在V形铁夹具中加工,如图6-12b)所示。

(3)螺旋压板夹具:用螺旋压板装夹较大的工件且钻孔直径在10mm以上,如图6-12c)所示。

(4)角铁夹具:用角铁装夹底面不平或加工基准在侧面的工件,如图6-12d)所示。

(5)手虎钳夹具:在小型工件或薄板件上钻ϕ6mm以下的小孔,如果工件基面比较平整时可以用手虎钳夹持工件进行钻孔,如图6-12e)所示。

(6)三爪卡盘:用三爪卡盘装夹圆柱工件在其端面钻孔,如图6-12f)所示。

(三)薄板、深孔、不通孔的钻孔方法

1.钻孔前的准备工作

(1)钻头刃磨。钻孔前如发现钻头切削部分磨损或切削条件变化,或为了满足特殊需要,而改变钻头切削部分形状时必须进行刃磨。

(2)检查钻床是否正常夹持工件。

(3)准备切削液。在钻削过程中,为降低切削温度提高钻头的使用寿命和工件的加工质量,必须注入合适型号的足够量的切削液。

(4)切削用量的选择。切削用量包括切削深度、切削速度和进给量。钻孔时切削深度由钻头直径所确定,所以只需选择切削速度和进给量。通常情况下,用小钻头钻孔时,切削速度可高些,进给量要小些。用大钻头钻孔时,切削速度要低些,进给量要适当大些。

(5)按划线钻孔时,应将孔中心打样冲眼,要求冲眼要小,位置要准确,并先试钻小凹坑,检验钻孔位置是否正确,然后再继续钻孔。

2.薄板的钻孔方法

(1)在薄钢板上钻孔时,由于工件刚性差,容易变形和振动,用标准麻花钻钻孔,工件受到轴向力时向下弯曲。当钻透时,工件回弹,使得切削刃突然切入量过大而产生扎刀或将钻头折断,因此,需把钻头磨成薄板钻。这种钻头的特点是采用多刃切削,横刃短以减少轴向抗力,有利于薄板钻孔。

(2)在薄钢板上钻孔时,可以在工件的下面垫上木板,将薄板放在木板上面钻孔。

3. 深孔的钻孔方法

(1)钻深孔时,每当钻头钻进深度达孔径3倍时,将钻头从孔内退出及时排屑和冷却,防止切屑积瘤阻塞使钻头过度磨损或扭断,以影响孔壁粗糙度,同时注意冷却。

(2)钻直径较大的深孔时,一般是先用直径比较小的钻头钻出底孔,然后经一次或数次扩孔。扩孔余量逐次减少,可以防止钻头的损坏。

(3)钻通孔而没有加长钻头时,可采用两边钻孔方法。

4. 不通孔的钻孔方法

钻不通孔,利用钻床上的深度刻度盘来控制所钻孔的深度。

(四)钻孔时可能产生的问题、原因及防止方法

钻孔时可能产生的问题、原因及防止方法见表6-1。

钻孔时可能产生问题、原因及防止方法 表6-1

产生问题	产生原因	防止方法
孔呈多角形	(1)钻头后角过大; (2)两主切削刃不等长,顶角不对称	正确刃磨钻头
孔径大于规定尺寸	(1)两切削刃长度不等、高低不一致; (2)钻床主轴径向摆动、工作台未锁紧有松动或钻夹头定心不准确; (3)钻头弯曲,使钻头有过大的径向跳动误差	(1)正确刃磨钻头; (2)修整主轴、锁紧工作台; (3)更换钻头

续上表

产生问题	产 生 原 因	防 止 方 法
孔壁粗糙	(1)钻头不锋利； (2)钻头太短，排屑槽堵塞； (3)进给量太大； (4)冷却不足，切削液选用不当	(1)钻头修磨锋利； (2)多提起钻头排除切屑或更换钻头； (3)减少进给量； (4)及时输入切削液并正确选用
钻孔位置偏移或孔偏斜	(1)工件划线不正确； (2)由于装夹不正确，工件表面与钻头不垂直； (3)钻头横刃太长定心不准，起钻后未修正； (4)钻床主轴与工作台不垂直； (5)进给量过大，使钻头产生弯曲； (6)工件装夹不稳； (7)铸件有砂孔、气孔、缩孔	(1)正确划线； (2)正确夹持工件并找正； (3)磨短横刃； (4)校正主轴与工作台垂直度； (5)减小进给量； (6)夹牢工件； (7)缓慢进刀
工件部分折断	(1)钻头用钝仍继续钻孔； (2)进给刀量过大； (3)钻孔时未及时退钻排屑、切屑堵住螺旋槽； (4)孔将钻通时没有减小进给量； (5)工件未夹紧，钻孔时产生松动； (6)铸件内碰到缩孔、砂孔、气孔； (7)钻软金属时，钻头后角太大造成扎刀	(1)修磨锋利钻头； (2)合理提高转速减小走刀量； (3)钻深孔时经常退钻排屑； (4)孔快钻透时，要适当减轻走刀压力； (5)工件夹持要牢固； (6)要减小进给量； (7)正确刃磨钻头

续上表

产生问题	产生原因	防止方法
切削刃迅速磨损	(1)切削速度太高; (2)未根据工件材料硬度来刃磨钻头角度; (3)切削液不足; (4)工件表皮或内部太硬或有砂眼、气孔等; (5)进给量过大; (6)钻薄板时钻头未修磨	(1)合理选择切削速度; (2)按材质修磨钻头的切削角; (3)充分冷却润滑; (4)修磨钻头切削角,或更换材料; (5)减小进给量; (6)采用薄板钻

(五)钻孔注意事项

(1)钻孔前清除工作场地的一切障碍物体,检查钻床是否良好。

(2)钻孔时不准戴手套,工作服衣袖口纽扣扣好,长发操作者戴好工作帽。

(3)工件和钻头要夹紧牢固。

(4)清除切屑要用刷子,不可用手去拉。高速切屑时产生的切屑绕在钻头上时,要用铁钩子去钩拉。

(5)钻床变速、搬动工件应先停车。钻通孔时,工件下面要垫木块或垫铁,防止钻坏工作台面。

(6)用钻夹头装夹钻头时要用钻头钥匙、不要用扁铁和锤子敲击,以免损坏夹头。工件装夹时,必须做好装夹面的清洁工作。

三、实训组织

本实训所用学时为6学时,每4位学生1个工位。

四、实训准备

本实训配备台钻、手电钻、砂轮机、钻头和各种夹具等实训用品若干,钳工实训场所设备应配备应齐全。

五、安全事项

(1)装夹钻头时用钻夹头钥匙,不要用扁铁和锤子敲击。

(2)钻削时严禁戴手套,工作服衣袖口纽扣扣好,长发操作者要戴工作帽。

(3)钻孔时,手的压力根据钻头的工作情况,以目测和感觉进行控制。落钻时钻头无弯曲。

(4)装卸钻头、工件和变换速度时,必须在停车状态下进行。钻头的夹持长度不得小于15mm。

(5)钻头用钝后必须及时修磨锋利。

(6)钻孔前后必须清洁工作场地和钻床工作台面。

(7)尽量选用比较短的钻头来改磨锪钻,且刃磨时要保证两切削刃高低一致、角度对称,同时,在砂轮上修磨后再用油石修光,使切削均匀平稳,减少加工时的振动。

(8)清除切屑要用刷子,不可用手去拉。高速切削时产生的切屑绕在钻头上时,要用铁钩子去钩拉。

(9)对于钻削有位置要求的孔,应以被加工孔圆心为基准,划出几个大小不等的检查圆,以便在加工过程中随时检查被加工孔的位置,如图6-13所示。

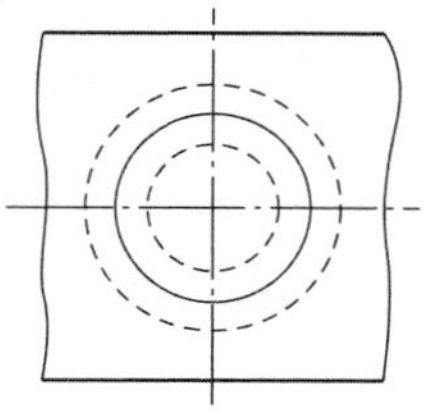

图6-13 检查圆

六、实训内容

(1)刃磨钻头实习。

(2)钻孔实习。

七、实训步骤

1. 刃磨钻头实习

刃磨钻头,主要是对两个主后刀面的磨削加工,刃磨后要得出所需要的正确几何角度,特别是磨后两主切削刃要等长,顶角 2φ 为 $118° \pm 2°$被钻头中心线平分,两个主后面要磨得光滑,横刃不宜太长,刃磨方法如图6-14所示。

(1)右手握住钻头的头部,左手握住柄部。

(2)钻头与砂轮的相对位置。要使钻头轴线与砂外轮圆柱母线在水平面内的夹角等于钻头顶角 2φ 的一半,被刃磨部分的主切削刃处于水平位置,如图6-14a)所示。

(3)刃磨操作时,将主切削刃在略高于砂轮平面处先接触砂轮,如图6-14b)所示,右手将钻头绕自己的轴线由下向上转动,左手配合右手同步下压运动,两手适当施加刃磨压力,两手动作配合要协调、自然,如此不断反复,一条主切削刃磨好后,再调转磨另一条主切削刃,直到达到刃磨要求为止。

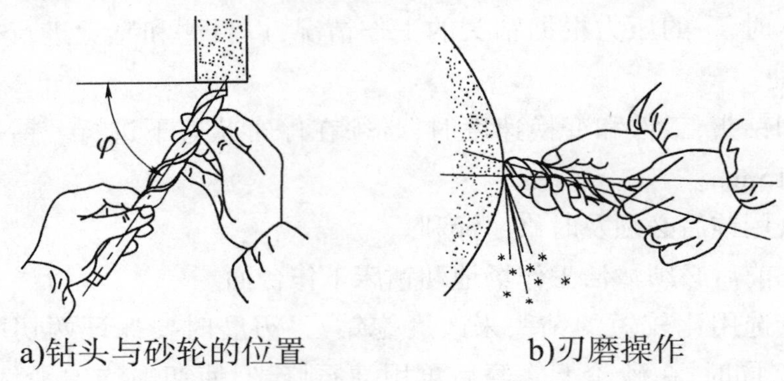

a)钻头与砂轮的位置　　b)刃磨操作

图6-14　钻头的刃磨

(4)为了防止刃磨时钻头过热退火而降低硬度,在操作过程中要经常蘸水冷却。

(5)钻头刃磨时,一般采用粒度为46~80、硬度为中软的氧化铝砂轮为宜。砂轮要旋转平稳,对跳动量大的砂轮必须进行修整。

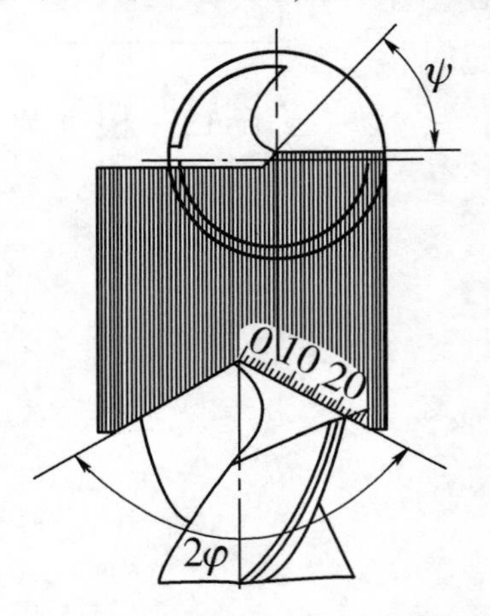

图6-15　钻头刃磨后的检查

(6)标准麻花钻刃磨后的基本检验方法如图6-15所示。检查时,用检验样板检查钻头顶角值以及两主切削刃的对称情况。

2. 钻孔操作实习

按图6-16所示技术要求钻孔实习。

1)操作要求

(1)按图样要求划线。

(2)掌握平口钳的使用方法。

(3)掌握台钻的正确使用方法。

(4)掌握通孔的钻削技术。

(5)掌握样冲、手锤、划规、钢直尺、划针、麻花钻(ϕ6mm、ϕ10mm、ϕ12mm)、砂轮机、台钻及平口钳等的使用方法。

2)操作步骤

(1)在工件表面涂色,并按图样划线。

(2)在孔中心打样冲眼,冲眼的位置要求准确,样冲如图6-17所示,冲眼要小。

(3)按所钻孔直径大小选择麻花钻,并检查钻头的几何形状和角度是否符合要求。

(4)检查台钻是否运转正常。根据工件材料性质和所钻孔径大小,确定钻削速度、走刀量,并选择好钻削切削液。

(5)在台钻上用钻头钥匙和钻夹头安装钻头。

(6)根据工件形状选择平口钳夹具,并在平口钳上夹好工件,不要松动;需钻通孔,应在工件下方衬垫板块。

(7)先试钻一凹槽,待确认对准中心孔时再钻,钻孔时,应该用右手下拉进给手柄,使钻头紧压在工件上,注意所用压力不能使钻头弯曲,孔快要钻透时切削用量要小些。

(8)若钻孔直径大于6mm时,每当钻头钻进深度是孔径3倍时,必须将钻头退出孔内,及时排出切屑。

(9)检查钻削情况和质量,去毛刺。

(10)在斜面上钻孔。先用铣刀在斜面上铣出一个平台,然后定出中心后再钻孔。

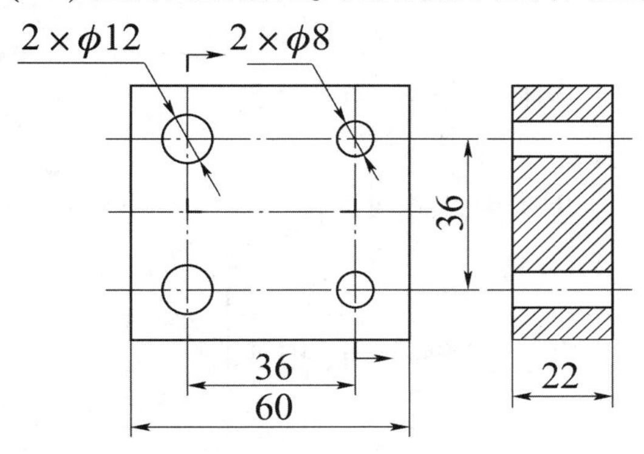

图6-16 钻孔操作实习图

图6-17 样冲

八、实训成果

(1)通过本实训,来检验是否能够正确安装、选择钻头。

(2)通过钻孔操作来检验是否能正确进行钻孔操作。

九、实训考评

钻孔实训考评记录表见表6-2。

钻孔实训考评记录表 表6-2

班级:__________ 学号:__________ 姓名:__________

序号	考评内容	分值	评分标准	得分	扣分原因
1	能根据加工工件的不同正确选择钻头	10分	选择错误或使用错误1件/次,扣2分		

续上表

序号	考评内容	分值	评分标准	得分	扣分原因
2	正确安装钻头	10分	安装错误,扣10分		
3	钻孔时工件的夹持是否正确、合理	10分	工件夹持不当,扣10分		
4	钻通孔时的操作	20分	冲眼位置不当,扣5分; 钻孔方法不当,扣10分		
5	钻不通孔时的操作	20分	冲眼位置不当,扣5分; 钻孔方法不当,扣10分		
6	钻头的刃磨	20分	刃磨姿势不当,扣5分; 钻头刃磨后不符合要求不得分		
7	操作中的安全、文明生产	10分	违章操作,视情节扣分		
8	成绩总评				

教师评语:

教师签名:________

日　　期:________

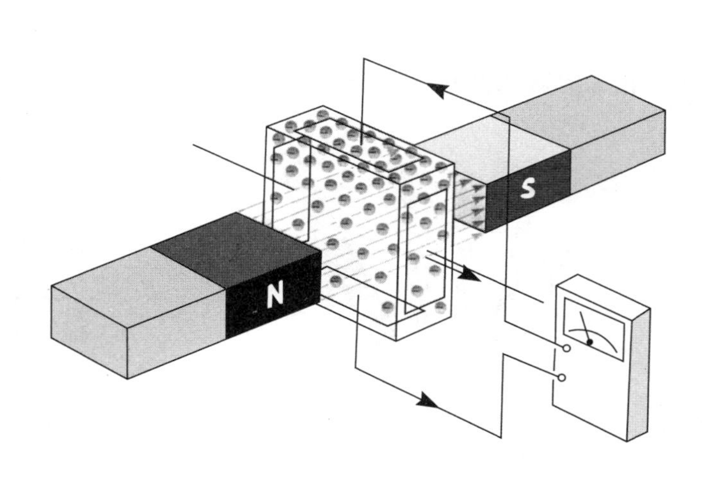

实训七

攻、套螺纹

一、实训目标

通过本实训掌握螺纹底孔直径和套螺纹圆杆直径的确定方法；掌握攻、套螺纹方法；熟悉丝锥折断和攻、套螺纹中常见问题的产生原因和防止方法。

二、相关知识

用丝锥加工工件内螺纹的操作称为攻螺纹，用板牙加工工件外螺纹的操作称为套螺纹。

目前，常见的螺纹是三角螺纹。三角螺纹的主要尺寸有外径、内径、中径。外径是螺纹的最大直径，即螺纹的公称直径。

（一）攻螺纹

1. 丝锥与绞杠

丝锥是加工内螺纹的工具。一般用工具钢或高速钢经过淬火硬化而成。主要由切削部分、修光部分、退屑槽和柄部组成。按加工螺纹种类的不同分为：普通三角螺纹丝锥，其中M6 ~ M24 的丝锥为 2 只 1 套，小于 M6 和大于 M24 的丝锥为 3 只 1 套；圆柱管螺纹丝锥为 2 只 1 套；圆锥管螺纹丝锥，大小尺寸均为单只。按加工方法分为：机用丝锥和手用丝锥。丝锥结构如图 7-1 所示。

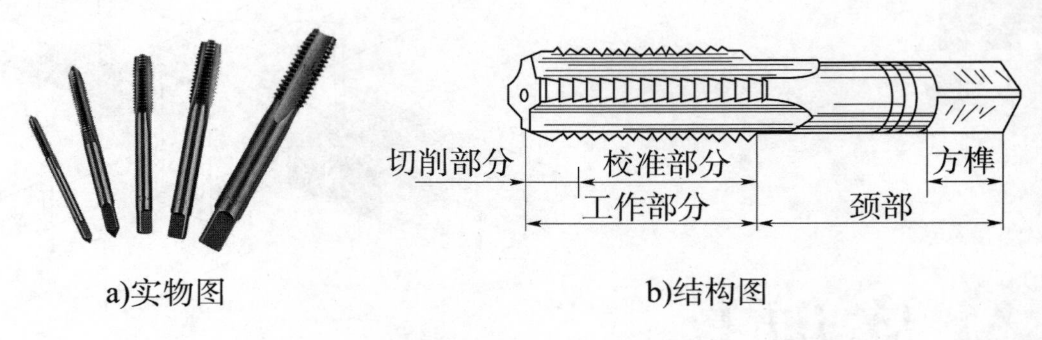

a)实物图　　b)结构图

图 7-1　丝锥

绞杠是用来夹持丝锥的工具,有普通绞杠(图 7-2)和丁字绞杠(图 7-3)两类。丁字绞杠主要用在攻工件凸台旁的螺纹或工件内部的螺纹。各类绞杠又有固定式和活动式两种。固定式绞杠常用在攻 M5 以下的螺纹;活动式绞杠可以通过调节夹持孔尺寸,来满足不同大小的丝锥夹持,缺点是在使用中容易滑脱。

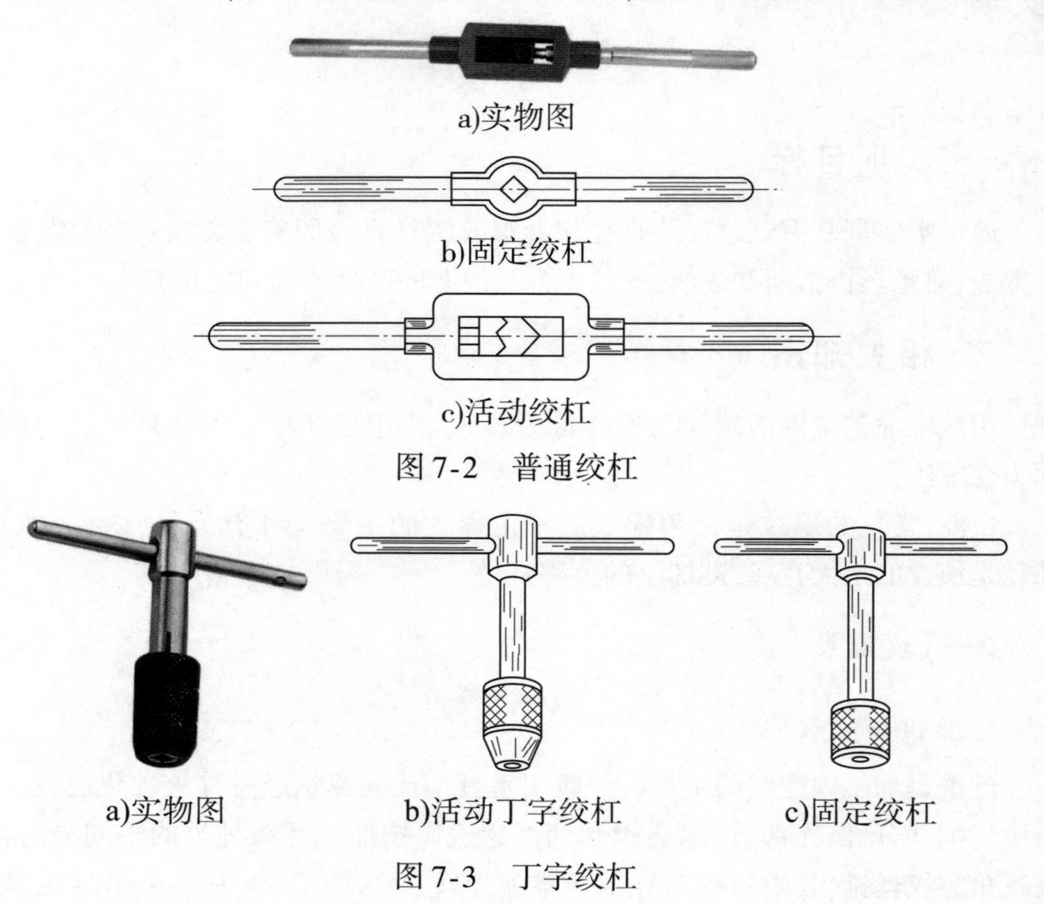

a)实物图

b)固定绞杠

c)活动绞杠

图 7-2　普通绞杠

a)实物图　　b)活动丁字绞杠　　c)固定绞杠

图 7-3　丁字绞杠

2. 攻螺纹底孔直径的确定

确定底孔直径的大小要根据工件的材料性质、螺纹直径的大小来考虑,其方法可查机械加工手册或用下列经验公式计算选取。

(1)米制螺纹底孔直径的经验计算式:

脆性材料:

$$D_{底} = D - 1.05P$$

韧性材料:

$$D_{底} = D - P$$

式中:$D_{底}$——底孔直径,mm;

D——螺纹外径,mm;

P——螺距,mm。

【例 7-1】 分别在中碳钢和铸铁工件上攻 M12 × 1.5 的螺纹,分别求底孔直径。

解:中碳钢属于韧性材料,底孔直径为:

$$D_{底} = D - P = 12 - 1.5 = 10.5(\text{mm})$$

铸铁属于脆性材料,底孔直径为:

$$D_{底} = D - 1.05P = 12 - 1.05 \times 1.5 = 10.4(\text{mm})$$

所以,攻同样的螺纹,材料不同,钻孔的直径不同。

(2)英制螺纹底孔直径的经验计算式:

脆性材料:

$$D_{底} = 25\left(D - \frac{1}{n}\right)$$

韧性材料:

$$D_{底} = 25\left(D - \frac{1}{n}\right) + (0.2 \sim 0.3)$$

式中:$D_{底}$——底孔直径,mm;

D——螺纹外径,in;

n——每英寸牙数。

3. 不通孔螺纹的钻孔深度

钻不通孔的螺纹的底孔时,由于丝锥的切削部分不能攻出完整的螺纹,所以钻孔深度至少要等于需要的螺纹深度,加上螺纹切削部分的长度。这段增加的长度大约等于螺纹公称直径的 0.7 倍,即

$$L = l + 0.7D$$

式中:L——钻孔深度,mm;

l——需要的螺纹深度,mm;

D——螺纹公称直径,mm。

4. 攻螺纹方法

(1)划线,计算底孔直径,然后选择合适的钻头钻出底孔。

(2)在螺纹底孔的孔口倒角,通孔螺纹两端都倒角,倒角处直径可略大于螺孔公称直径,这样可使丝锥开始切削时容易切入,并可防止孔口出现挤压出的凸边。

(3)用头锥起攻。起攻时,可用手掌按住绞杠中部,沿丝锥轴线用力加压,另一手配合作顺向旋进(图7-4);或两手握住绞杠两端均匀施加压力,并将丝锥顺向旋进(图7-4)。应保证丝锥中心线与孔中心线重合。在丝锥攻入1~2圈后,应及时从前后、左右两个方向用90°直角尺进行检查(图7-5),并不断校正。

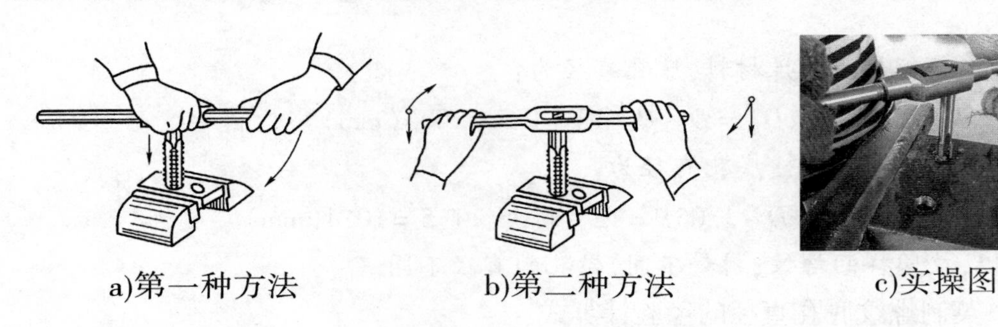

图7-4　攻螺纹的方法

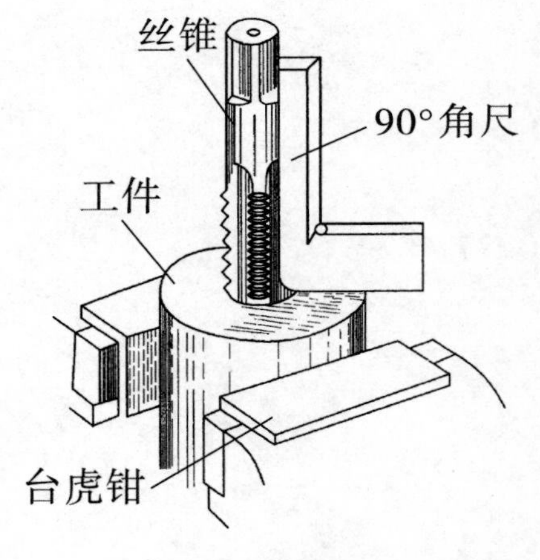

图7-5　检查攻螺纹垂直度

(4)当丝锥的切削部分全部进入工件时,就不需要再施加压力,而靠丝锥作自然旋进切削。此时,两手旋转用力要均匀,一般顺时针转1~2圈,就需要倒转1/4~1/2圈,使切屑碎断后容易排除,避免因切屑阻塞而使丝锥卡住。

(5)攻螺纹时,必须以头锥、二锥、三锥顺序攻削至标准尺寸。在较硬的材料上攻螺纹时,可轮换各丝锥交替攻丝,以减小切削部分负荷,防止丝锥折断。

(6)攻不通孔时,可在丝锥上做好深度标记,并要经常退出丝锥,清除留在孔内的切屑,否则会因切屑堵塞使丝锥折断或达不到深度要求。当工件不便倒向进行清屑时,可用弯曲的小管子吹出切屑,或用磁性针棒吸出。

(7)攻韧性材料的螺孔时,要加切削液,以减小切削阻力,减小加工螺孔的表面粗糙度值和延长丝锥寿命。攻钢件时用机油做切削液;攻质量要求高的螺纹时可用工业植物油做切削液,攻铸铁件螺纹时可用煤油做切削液。

5. 丝锥的修磨

当丝锥的切削部分磨损时,可以修磨其后隙面(图7-6)。修磨时要注意保持各刃瓣的半锥角 φ 及切削部分长度的准确性和一致性。转动丝锥时要留心,不要使另一刃瓣的刀齿碰擦而磨坏。当丝锥的校正部分有显著磨损时,可用棱角修圆的片状砂轮修磨其前倾面(图7-7),并控制好一定的前角 γ。

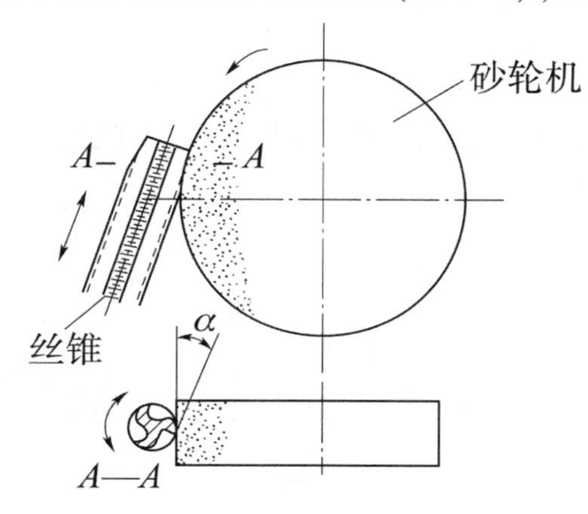

图7-6　修磨丝锥后隙面

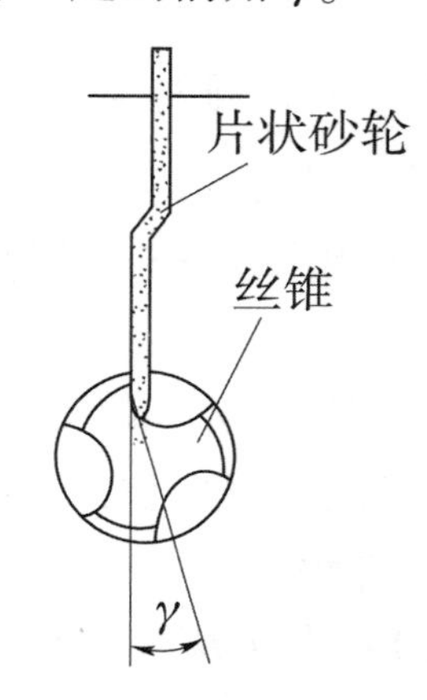

图7-7　修磨丝锥前倾面

(二)套螺纹

1. 圆板牙与绞杠(板牙架)

板牙是加工外螺纹的工具,常用的圆板牙如图7-8所示。其外圆两个锥坑,其轴线与板牙直径方向一致,借助绞杠(图7-9)上的两个相应位置的紧固螺钉顶紧后,用以套螺纹时传递扭矩。

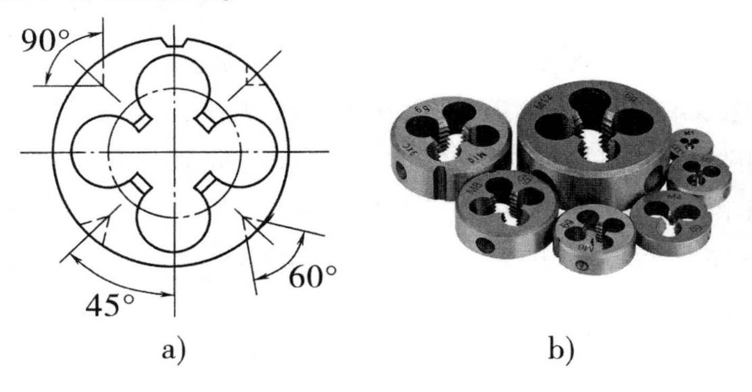

图7-8　圆板牙

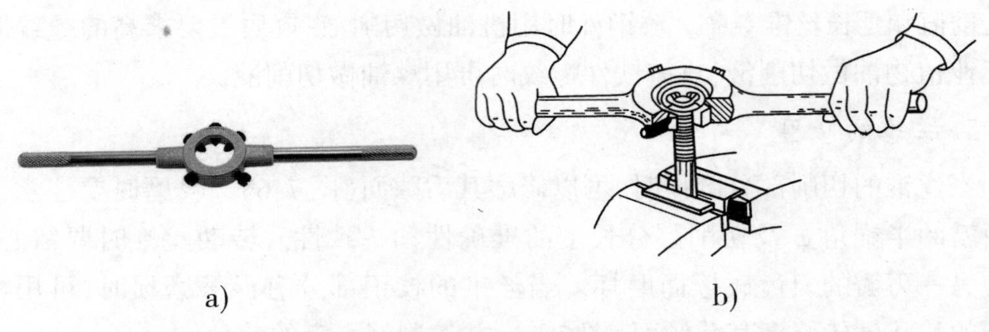

图 7-9　圆板牙绞杠

2. 套螺纹时的圆杆直径及端部倒角

与攻螺纹一样,套螺纹切削过程中也有挤压作用,因此,圆杆直径要小于螺纹公称直径,可用下列经验计算式确定。

$$d_{杆} = d - 0.13P$$

式中:$d_{杆}$——圆杆直径,mm;

d——螺纹公称直径,mm;

P——螺距,mm。

【例 7-2】　在铸铁杆上套 M12×1.5 的螺纹,杆的直径。

解:　$d_{杆} = d - 0.13P = 12 - 0.13 \times 1.5 = 11.8(\text{mm})$

为了使板牙起套时容易切入工件并作正确的引导,圆杆端部要倒角——倒成锥半角为 15°~20°的锥体(图 7-10)。其倒角的最小直径,应该略小于螺纹内径,避免螺纹端部出现锋口和卷边。

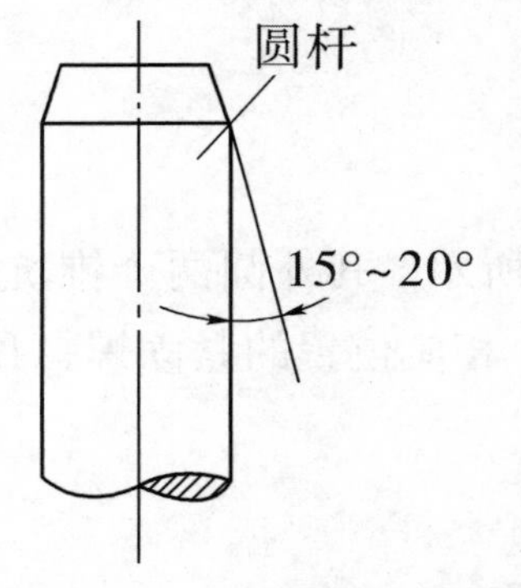

图 7-10　套螺纹时圆杆的倒角

3. 套螺纹方法

(1)套螺纹时的切削力矩较大,且工件都为圆杆,一般要用 V 形夹块或厚铜衬作衬垫,使圆杆垂直夹持在台虎钳上,才能保证可靠夹紧。

(2)起套方法与攻螺纹起攻方法一样,一手用手掌按住绞杠中部,沿圆杆轴向施加压力,另一手配合作顺向切进,转动要慢,压力要大,并保证板牙端面与圆杆轴线的垂直度。在板牙切入圆杆 2~3 个牙时,应及时用直角尺在最少两个方向上检查其铰杠与圆杆的垂直度并作准确校正。

(3)正常套螺纹时,不需要加压,让板牙自然引进,以免损坏螺纹和板牙,也要经常倒转以断屑。

(4)在钢件上套螺纹时要加切削液,以减小加工螺纹的表面粗糙度值和延长板牙使用寿命。一般可用机油或较浓的乳化液做切削液,要求高时可用工业植物油做切削液。

4. 注意事项

(1)在钻 M20 螺纹底孔时要用立钻,必须先熟习机床的使用、调整方法,然后再进行加工,并注意做到安全操作。

(2)起攻、起套时,要从两个方向进行垂直度的及时校正,这是保证攻、套螺纹质量的重要一环,特别在套螺纹时,由于板牙切削部分的锥角较大,起套时的导向性较差,容易产生板牙端面与圆杆轴心线的不垂直,切出的螺纹牙形一面深一面浅,并随着螺纹长度的增加,其歪斜现象将明显增加,甚至不能继续切削。

(3)起攻、起套的正确操作以及攻、套螺纹时能控制两手用力均匀和掌握好用力程度,是攻、套螺纹的基本功之一,必须用心掌握。

(4)熟悉攻、套螺纹中常出现的问题及其产生原因和预防方法(表 7-1),以便在练习时加以注意。

攻螺纹和套螺纹时常出现的问题、产生原因和预防方法　表 7-1

出现问题	产生原因	预防方法
螺纹乱牙	(1)攻螺纹时底孔直径太小,起攻困难,左右摆动,孔口乱牙; (2)换用二、三锥时强行校正,或没旋合好就攻下; (3)圆杆直径过大,起套困难,左右摆动,杆端乱牙; (4)板牙与圆杆不垂直,套螺纹过程中强行校正	(1)认真检查底孔,选择合适的底孔钻头将孔扩大后再重新攻丝; (2)应该先用手将二锥旋入螺纹孔,使头锥和二锥的中心重合; (3)将圆杆加工成符合要求的直径后套螺纹; (4)随时检查板牙与圆杆的垂直度
螺纹滑牙	(1)攻不通孔的较小螺纹时,丝锥已到底仍继续转;	(1)攻不通孔的较小螺纹时,丝锥到底后应该立刻停止、退出;

续上表

出现问题	产生原因	预防方法
螺纹滑牙	(2)攻强度低或小孔径螺纹,丝锥已切出螺纹仍继续加压,或攻完时连同绞杠作自由的快速转出; (3)未加适当切削液,一直攻、套不倒转,切屑堵塞将螺纹啃坏	(2)攻强度低或小孔径螺纹,丝锥切出螺纹不应该再继续加压; (3)添加适当切削液并随时注意倒转,防止切屑将螺纹啃坏
螺纹歪斜	(1)攻、套螺纹时位置不正,起攻、起套时未作垂直度检查; (2)孔口、杆端倒角不合适,两手用力不均,切入时歪斜	(1)攻、套螺纹时位置一定要正确,起攻、起套时应该首先做垂直度检查; (2)孔口、杆端应该倒角,两手用力要均匀,防止切入时歪斜
丝锥折断	(1)底孔太小; (2)攻入时丝锥歪斜或歪斜后强行校正; (3)没有及时反转断屑和清屑,或不通孔攻到底,还继续攻下; (4)使用绞杠不当; (5)丝锥牙爆裂或磨损过多而强行攻下; (6)工件材料过硬或材料中夹有硬点; (7)两手用力不均或用力过猛	(1)合理的选择钻头,钻底孔; (2)攻入时丝锥与工件的垂直度应该检查; (3)及时反转断屑和清屑,或不通孔攻到底,立刻停止; (4)正确使用绞杠; (5)合理地选用丝锥,对于破损的丝锥应予以更换; (6)工件材料过硬或夹有硬点时应该注意动作要轻,防止用力过猛; (7)两手用力要求均匀

三、实训组织

本实训所用学时为 4 学时,每位学生 1 个工位。

四、实训准备

准备钻头、台钻、丝锥、板牙、铰杠、工件等实训用品，钳工实训场所设备应配备应齐全。

五、安全事项

(1)钻孔时，注意安全，要求同前。

(2)注意安全操作，不能损坏丝锥。

六、实训内容

(1)攻螺纹。

(2)套螺纹。

七、实训步骤

1. 攻螺纹

1)划线

按实习图(图 7-11)尺寸要求划出各螺纹的加工位置线。

2)计算钻头直径

计算图 7-11a)中钻螺纹底孔所需要的钻头直径，选择合适的钻头

(1)M6 ×1 的螺纹底孔直径：

$$D_{底} = D - P = 6 - 1 = 5(\text{mm})$$

(2)M8 ×1 的螺纹底孔直径：

$$D_{底} = D - P = 8 - 1 = 7(\text{mm})$$

(3)M10 ×1.5 的螺纹底孔直径：

$$D_{底} = D - P = 10 - 1.5 = 8.5(\text{mm})$$

(4)M12 ×1.5 的螺纹底孔直径：

$$D_{底} = D - P = 12 - 1.5 = 10.5(\text{mm})$$

(5)M20 ×1.5 的螺纹底孔直径：

$$D_{底} = D - P = 20 - 1.5 = 18.5(\text{mm})$$

3)钻底孔

钻图 7-11a)各螺纹底孔，并对孔口进行倒角。

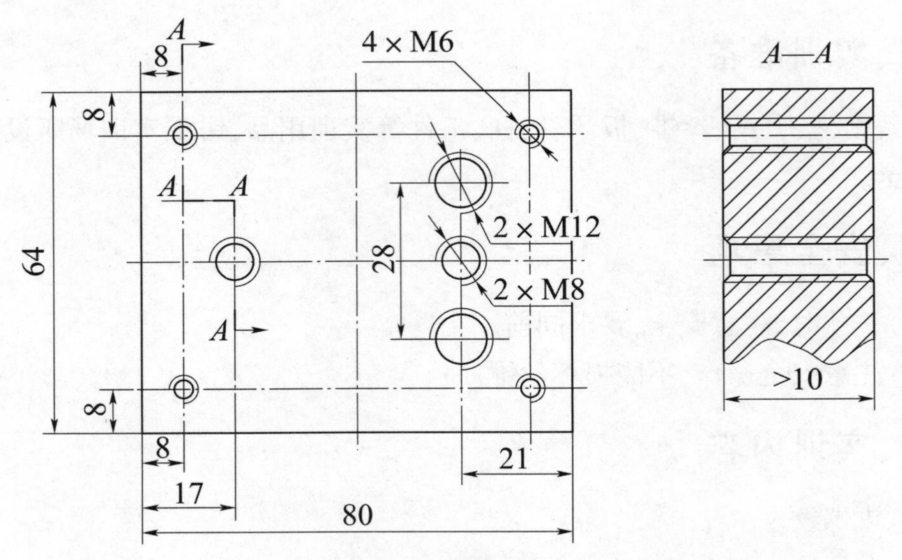

a)工件1(材料：Q235)

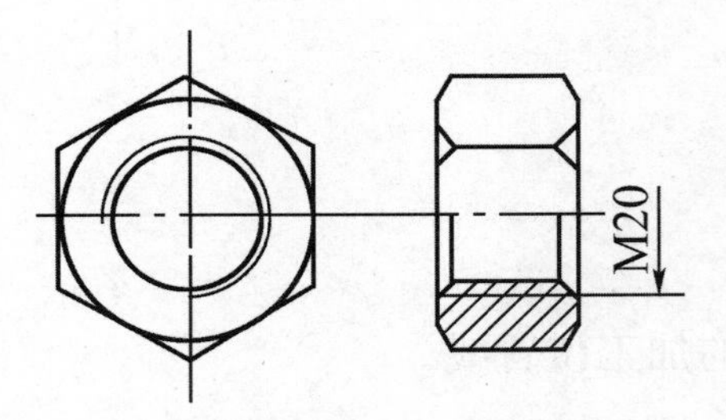

b)工件2(完成后与标准螺杆安装检验)

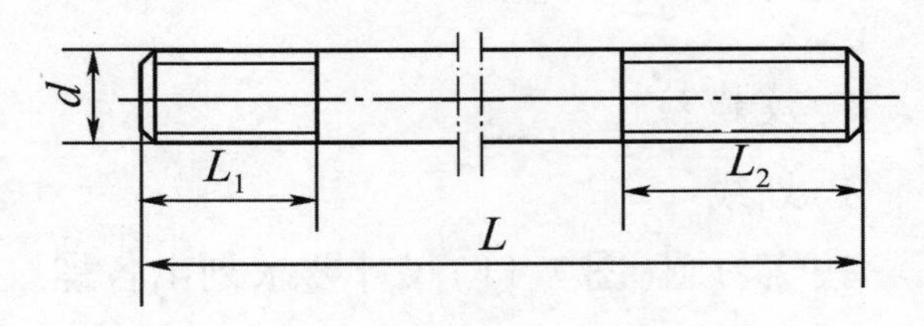

c)工件3(d分别为M8、M10、M12；L为150mm；L_1为30mm；L_2为40mm)

图 7-11　操作图示

4)攻螺纹

依次利用丝锥在工件上攻制 M6、M8、M10、M12 以及 M20 螺纹，并用相应的螺栓进行配检。具体操作方法见前面所述。

2. 套螺纹

1)下料

按图 7-11c)尺寸下料。

2)计算圆杆直径

根据公式计算所需要的圆杆的直径。

(1)套制 M8 螺栓的螺纹需要的圆杆的直径：

$$d_{杆} = d - 0.13P = 8 - 0.13 \times 1.5 = 7.8(\text{mm})$$

(2)套制 M10 螺栓的螺纹需要的圆杆的直径：

$$d_{杆}=d-0.13P=10-0.13\times1.5=9.8(\mathrm{mm})$$

(3)套制 M12 螺栓的螺纹需要的圆杆的直径：

$$d_{杆}=d-0.13P=12-0.13\times1.5=11.8(\mathrm{mm})$$

3)套螺纹

按前述套螺纹方法,将圆杆固定夹持在台虎钳上,分别套制两端分别为 M8、M10、M12 三件双头螺栓的螺纹,并用相应的螺母进行配检。

八、实训成果

(1)通过本实训,来检验是否能够正确使用丝锥加工螺纹。

(2)通过本实训,来检验是否能够正确使用板牙加工螺纹。

九、实训考评

攻螺纹实训考评记录表见表 7-2。套螺纹实训考评记录表见表 7-3。

攻螺纹实训考评记录表 表 7-2

班级:__________ 学号:__________ 姓名:__________

序号	考评内容	分值	评分标准	得分	扣分原因
1	正确选择和使用头锥、二锥、三锥	5 分	选择错误或使用错误 1 件/次,扣 2 分		
2	丝锥在绞杠上的正确固定安装	5 分	安装错误,扣 5 分		
3	攻螺纹时工件的夹持是否正确、合理	10 分	工件夹持不当,扣 10 分		
4	攻螺纹时底孔直径的确定	15 分	底孔直径确定错误不得分		
5	底孔的钻孔	15 分	参考钻孔操作的评分标准		
6	攻螺纹时的姿势和方法	15 分	姿势不当,扣 5 分;方法不当,扣 10 分		

续上表

序号	考评内容	分值	评分标准	得分	扣分原因
7	攻螺纹时丝锥与工件垂直度的检查	10分	检查方法不当,扣5分; 不检查不得分		
8	螺纹质量的检验	15分	螺纹不整齐不得分		
9	操作中的安全、文明生产	10分	违章操作,视情节扣分		
10	成绩总评				

教师评语:

教师签名:________

日　　期:________

套螺纹实训考评记录表　　表7-3

班级:________　学号:________　姓名:________

序号	考评内容	分值	评分标准	得分	扣分原因
1	正确选择使用板牙	5分	选择错误或使用错误1件/次,扣2分		
2	板牙在板牙架上的正确安装	5分	安装错误,扣5分		
3	套螺纹时圆杆的夹持是否正确、合理	10分	工件夹持不当,扣10分		
4	套螺纹时圆杆直径的确定	15分	圆杆直径确定错误不得分		
5	圆杆的倒角	15分	视倒角的情况得分、未倒角不得分		
6	套螺纹时的姿势和方法	15分	姿势不当,扣5分; 方法不当,扣10分		

续上表

序号	考评内容	分值	评分标准	得分	扣分原因
7	套螺纹时板牙与圆杆垂直度的检查	10分	检查方法不当，扣5分； 不检查不得分		
8	螺纹质量的检验	15分	螺纹不整齐不得分		
9	操作中的安全、文明生产	10分	违章操作，视情节扣分		
10	成绩总评				

教师评语：

教师签名：________

日　　期：________

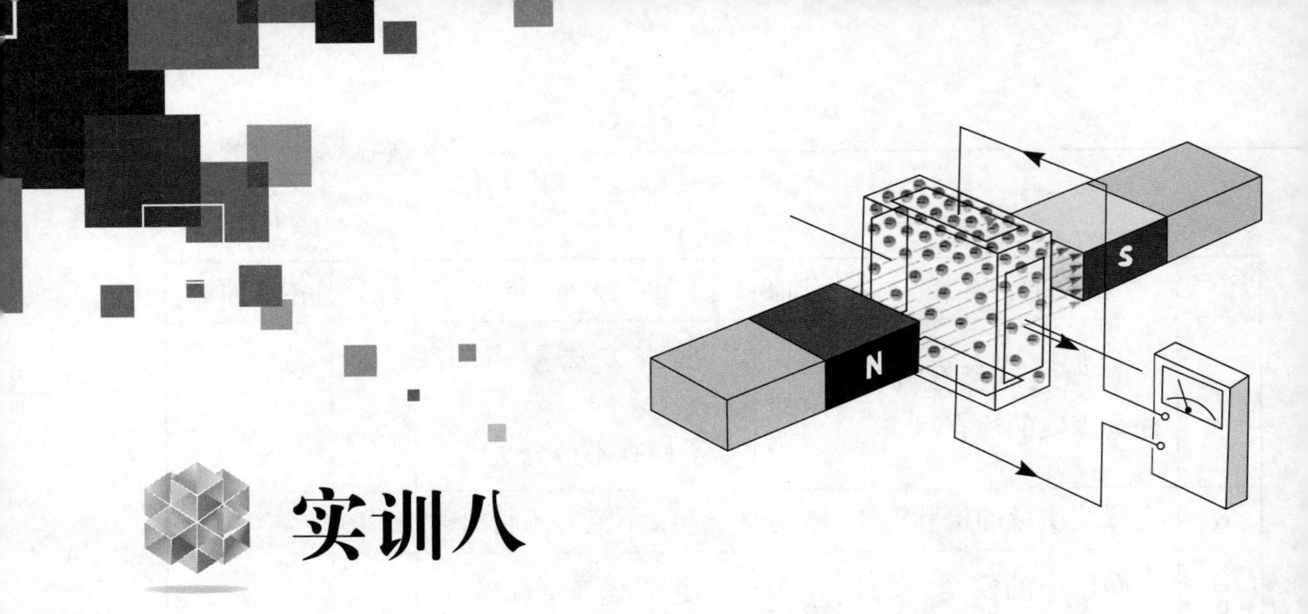

实训八 刮削

一、实训目标

通过本实训熟悉刮削的特点和应用;了解刮刀的材料、种类、结构和平面刮刀的尺寸及几何角度;能进行平面刮刀的热处理和刃磨;掌握手刮方法,做到刮削姿势正确,用力正确,刀迹控制准确,刮点合理;掌握用基准平板研点方法;能合理选择和应用显示剂;达到无深撕痕和振痕,刀迹长度约6mm、宽度约5mm并整齐一致,接触点均匀,每25mm×25mm面积上有8~12点的细刮要求;掌握曲面刮刀的热处理和刃磨;掌握曲面刮削的姿势和操作要领;并能达到规定的技术要求。

二、相关知识

(一)刮刀的种类、刃磨和热处理

利用刮刀对工件表面采用负前角切削,有推挤压光的作用,使工件表面光洁,组织紧密。刮削一般是利用标准件或互配件对工件进行涂色显点来确定其加工部位,能保证工件有较高的形位精度和精密配合。

刮削一般应用于零件的形位精度和尺寸精度要求较高的表面;互配件配合精度要求较高的零件表面;用于装配精度要求较高零件表面;用于零件需要具有

美观效果的表面。

刮刀头一般由 T12A 碳素工具钢或耐磨性较好的 GCr15 高碳铬轴承钢锻造，并经磨制和热处理淬硬而成。刮刀分平面刮刀和曲面刮刀两大类。

1. 平面刮刀

平面刮刀用来刮削平面和外曲面。平面刮刀分为普通刮刀和活头刮刀两种，如图 8-1 所示。

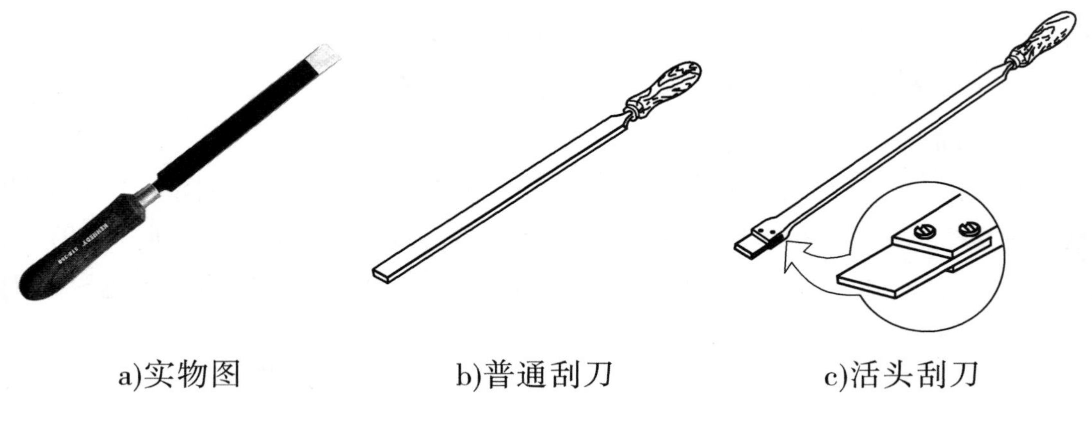

a)实物图　　b)普通刮刀　　c)活头刮刀

图 8-1　平面刮刀

按所刮表面精度不同，可分为粗刮刀、细刮刀和精刮刀三种。平面刮刀的规格尺寸见表 8-1。

平面刮刀的规格尺寸(单位:mm)　　表 8-1

类　型	全　长　L	宽　度　B	厚　度　e
粗刮刀	450 ~ 600	25 ~ 30	3 ~ 4
细刮刀	400 ~ 500	15 ~ 20	2 ~ 3
精刮刀	400 ~ 500	10 ~ 12	1.5 ~ 2

活动刮刀刀头采用碳素工具钢或轴承钢制作，刀身则用中碳钢，通过焊接或机械装夹制成。

2. 曲面刮刀

用来刮削内曲面，如滑动轴承等。曲面刮刀主要有三角刮刀和蛇头刮刀两种。

(1)三角刮刀可由三角锉刀改制或用工具钢锻制。一般三角刮刀有三个长弧形刀刃和三条长的凹槽如图 8-2 所示。

(2)蛇头刮刀由工具钢锻制成型。它利用两圆弧面刮削内曲面，其特点是有 4

个刃口。为了使平面易于磨平，在刮刀头部两个平面上各磨出一条凹槽(图 8-2)。

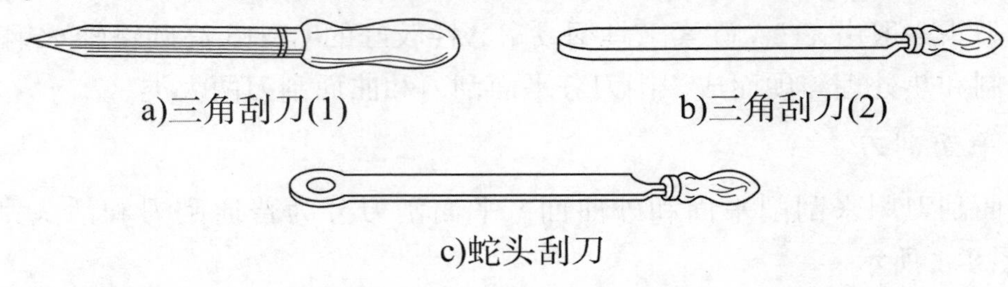

图 8-2　曲面刮刀

3. 平面刮刀的刃磨和热处理

1) 平面刮刀的几何角度

刮刀的角度按粗、细、精刮的要求而定。三种刮刀头部角度如图 8-3 所示：粗刮刀为 90°～92.5°，刀刃平直；细刮刀为 95°左右，刀刃稍带圆弧；精刮刀为 97.5°左右，刀刃带圆弧。刮韧性材料的刮刀，可磨成正前角(小于 90°角)，但这种刮刀只适用于粗刮。刮刀平面应平整光洁，刃口无缺陷。

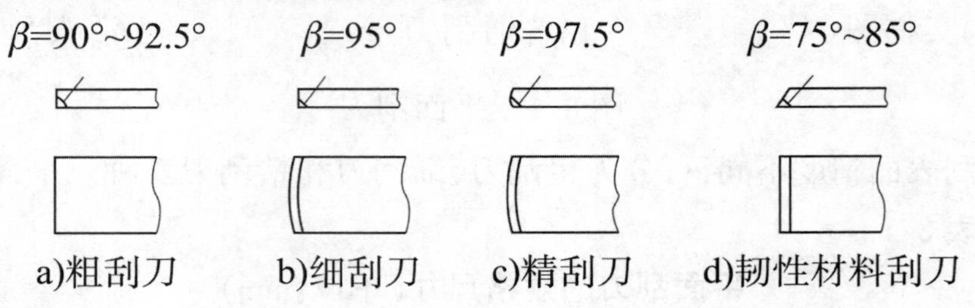

图 8-3　平面刮刀头部形状和角度

2) 粗磨

粗磨时分别将刮刀两平面贴在砂轮侧面上，开始时应先接触砂轮边缘，再慢慢平放在侧面上，不断地前后移动进行刃磨，如图 8-4a) 所示，使两面都达到平整，在刮刀全宽上用肉眼看不出有显著的厚薄差别。然后粗磨顶端面，把刮刀的顶端放在砂轮轮缘上平稳地左、右移动刃磨，如图 8-4b) 所示，要求端面与刀身中心线垂直，磨时应先以一定倾斜度与砂轮接触，如图8-4c) 所示，再逐步按图示箭头方向转动至水平。如直接按水平位置靠上砂轮，刮刀会抖动不易磨削。

3) 热处理

将粗磨好的刮刀，放在炉火中缓慢加热到 780～800℃(呈樱红色)，加热长度为 25mm 左右，取出后迅速放入冷水中(或 10% 的盐水中)冷却，浸入深度为 8～10mm。刮刀接触水面时作缓缓平移和间断地小幅度上、下移动，这样可不使淬硬部分留下明显界限。当刮刀露出水面部分呈黑色，由水中取出观察其刃部颜色为白色时,迅速把整个刮刀浸入水中冷却,直到刮刀全冷后取出即成。热处理后刮刀切削部分硬度应在 HRC60 以上,用于粗刮。精刮刀及刮花刮刀,淬火时可用油冷却,用油冷却刀头不会产生裂纹,金属的组织较细,容易刃磨,切削部分硬度接近 HRC60。

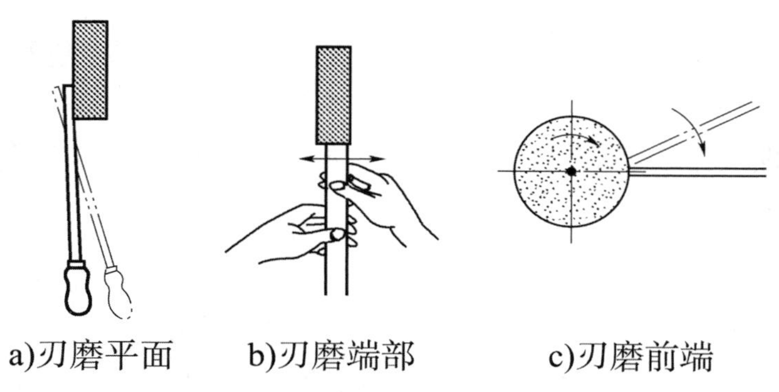

a)刃磨平面 b)刃磨端部 c)刃磨前端

图 8-4 平面刮刀在砂轮上粗磨

4)细磨

热处理后的刮刀要在细砂轮上细磨,基本达到刮刀的形状和几何角度要求。刃磨时必须经常蘸水冷却,避免刀口部分退火。

5)精磨

刮刀精磨须在油石上进行。操作时在油石上加适量机油,先磨两平面(图 8-5a)直至平面平整,表面粗糙度 $Ra<0.2$mm,然后精磨顶端面(图 8-5b),刃磨时左手扶住手柄,右手紧握刀身,使刮刀直立在油石上,略带前倾(前倾角度根据刮刀 β 角的不同而定)地向前推移,拉回时刀身略微提起,以免磨损刃口,如此反复,直到切削部分形状和角度符合要求,且刃口锋利为止。初学时还可将刮刀上部靠在肩上,两手握刀身,向后拉动来磨锐刃口,而向前则将刮刀提起。此法速度较慢,但容易掌握,在初学时常先采用此方法练习,待熟练后再采用图 8-5 所示磨法。

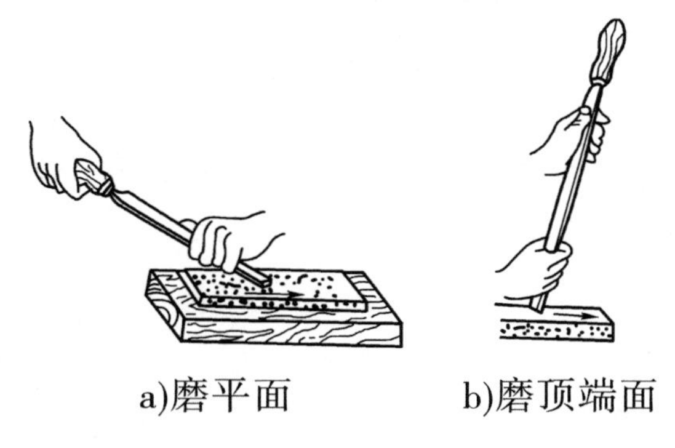

a)磨平面 b)磨顶端面

图 8-5 刮刀在油石上精磨

4. 刃磨时的安全知识和文明生产要求

(1)刮刀毛坯锻打后应先磨去棱角及边口毛刺。

(2)刃磨刮刀端面时,力的作用方向应通过砂轮轴线,应站在砂轮的侧面或斜侧面。

(3)刃磨时施加压力不能太大,刮刀应缓慢接近砂轮,避免刮刀抖动幅度过大造成事故。

(4)热处理工作场地应保持整洁,淬火操作时应小心谨慎,以免灼伤。

5. 注意事项

(1)在粗磨平面时,必须使刮刀平面稳固地贴在砂轮的侧面上,每次磨削应均匀一致,否则磨出的平面不平,导致多次刃磨使刮刀变薄。

(2)淬火温度是通过观察刮刀加热时的颜色控制的,因此要掌握好樱红色的特征。加热温度太低,刮刀不能淬硬,加热温度太高,会使金属内部组织的晶粒变得粗大,刮削时易出现丝纹。

(3)刃磨刮刀平面与端面的油石应分开使用,刃磨时不可将油石磨出凹槽,油石表面不应有纱头和铁屑等杂质。

(二) 手刮法

1. 手刮法

手刮的姿势如图8-6所示,右手如握锉刀柄姿势,左手四指向下握住距刮刀头部约50mm处,刮刀与被刮削表面呈20°~30°角。同时,左脚前跨一步,上身随着往前倾斜,这样可以增加左手压力,也易看清刮刀前面点的情况。刮削时右手随着上身前倾,使刮刀向前推进,左手下压,落刀要轻,当推进到所需要位置时,左手迅速提起,完成一个手刮动作。练习时以直刮为主。

图8-6 手刮法

手刮法动作灵活,适应性强,适用于各种工作位置,对刮刀长度要求也不太严格,姿势可合理掌握,但手较易疲劳,故不适用于加工余量较大的场合。

2. 显示剂的应用

常用显示剂有:红丹粉(分褐红色铁丹和橘红色铅丹),用机油调和,用于铸铁和钢件。蓝油,由普鲁士蓝粉和蓖麻油加适量机油调和而成,用于铜和巴氏合金等软金属。粗刮时可调得稀些,涂层可略厚些,以增加显点面积;精刮时应调得稠些,涂层薄而均匀,从而保证显点小而清晰。刮削临近符合要求时,显示剂涂层更薄,把工件上在刮削后的剩余显示剂涂抹均匀即可。显示剂在使用过程中应注意清洁,避免砂粒、铁屑和其他污物划伤工件表面。

3. 显示研点方法

用标准平板作涂色显点时,平板应放置稳定。工件表面涂色后放在平板上,均匀地施加适当压力,并作直线或回转研点运动。粗刮研点时移动距离可略长些,精刮研点时移动距离应小于30mm,以保证准确显点。当工件长度与平板长度相差不多时,研点错开距离不能超过工件本身长度的1/4。刮削表面应无明显丝纹、振痕及落刀痕迹。刮削刀迹应交叉,粗刮时刀迹宽度应为刮刀宽度的2/3 ~3/4,长度为15 ~30mm,接触点为每25mm×25mm面积上均匀达到4~6点。细刮时刀迹宽度约5mm,长度约6mm,接触点为每25mm×25mm面积上均匀达到8~12点。精刮时刀迹宽度和长度均小于5mm,接触点为每25mm×25mm面积上20点以上。

4. 刮削点数的计数方法

对刮削面积较小时,用单位面积(即25mm×25mm面积)上有多少接触点来计数,计数时各点连成一体者,则作一点计,并取各单位面积中最少点数计。当刮削面积较大时,应采取平均计数,即在计算面积(规定为$100cm^2$)内作平均计算。

5. 刮削面缺陷的分析

刮削面缺陷的分析见表8-2。

刮削面的缺陷形式及其产生原因 表8-2

缺陷形式	特 征	产生原因
深凹痕	刀迹太深,局部显点稀少	(1)粗刮时用力不均匀,局部落刀太重; (2)多次刀痕重叠; (3)刀刃圆弧过小
梗痕	刀迹单面产生刻痕	刮削时用力不均匀,使刃口单面切削

续上表

缺陷形式	特　征	产生原因
撕痕	刮削面上呈粗糙刮痕	(1)刀刃不光洁、不锋利; (2)刀刃有缺口或裂纹
落刀或起刀痕	在刀迹的起始或终了处产生深的刀痕	落刀时,左手压力和速度较大及起刀不及时
振痕	刮削面上呈现有规则的波纹	多次同向切削,刀迹没有交叉
划道	刮削面上划有深浅不一的直线	显示剂不清洁,或研点时混有砂粒和铁屑等杂物
切削面粗糙度不高	显点变化情况无规律	(1)研点时压力不均匀,工件外露太多而出现假点子; (2)研具不正确; (3)研点时放置不平稳

6. 注意事项

(1)操作姿势要正确,落刀和起刀正确合理,防止梗刀。

(2)涂色研点时,平板必须放置稳定,施力要均匀,以保证研点显示真实。研点表面间必须保持清洁,防止平板表面划伤拉毛。

(3)细刮时每个研点尽量只刮一刀,逐步提高刮点的准确性。

(三)曲面刮削

1. 曲面刮刀的刃磨和热处理

(1)三角刮刀的刃磨(图8-7)。先将锻好的毛坯在砂轮上进行刃磨,其方法先是右手握刀柄,使它按刀刃形状进行弧形摆动,同时在砂轮宽度上来回移动,基本成型后,将刮刀调转,顺着砂轮外圆柱面进行修整。接着将三角刮刀的三个圆弧面用砂轮角开槽(目的是便于精磨)。槽要磨在两刃中间,磨时刮刀应稍作上、下和左、右移动,使刀刃边上只留有2~3mm的棱边。

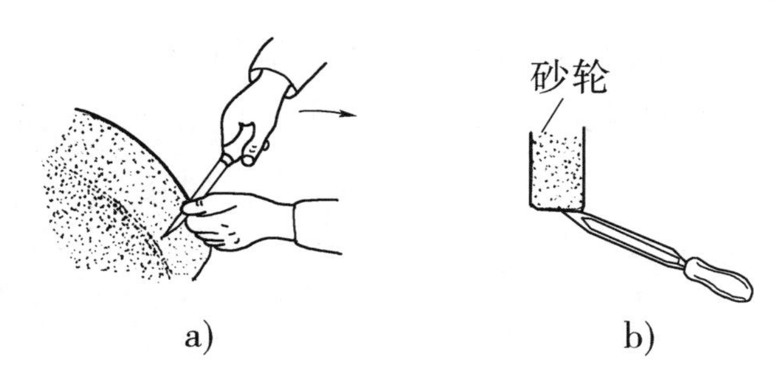

图 8-7 三角刮刀的刃磨

(2)三角刮刀的热处理。三角刮刀需进行淬火处理,其淬火长度应为刀刃全长。淬火方法和要求与平面刮刀相同。

(3)精磨。淬火后必须在油石上精磨。精磨方法:右手握柄,左手轻压刀刃,两刀刃同时放在油石上,精磨时顺着油石长度方向来回移动,并按弧形作上下摆动,把三个弧面全面磨光洁,刀刃磨锋利。

2. 内曲面刮削姿势

(1)第一种姿势如图 8-8a)所示,右手握刀柄,左手掌心向下四指横握刀身,拇指抵着刀身。刮时左、右手同作圆弧运动,且顺曲面使刮刀作后拉或前推运动,刀迹与曲面轴线约呈 45°夹角,且交叉进行。

(2)第二种姿势如图 8-8b)所示,刮刀柄搁在右手臂上,双手握住刀身。刮削时动作和刮刀运动轨迹与第一种姿势相同。

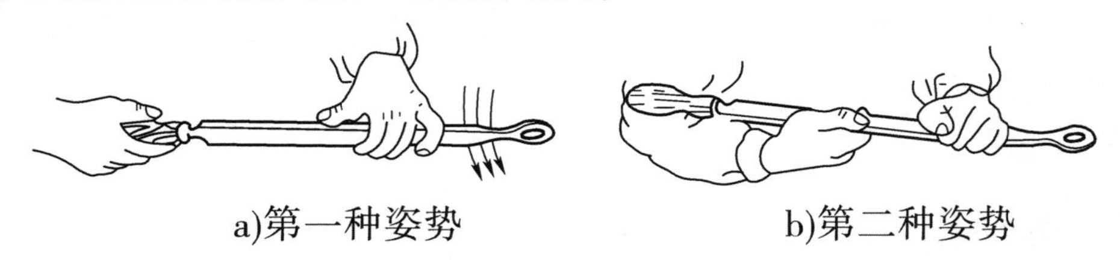

a)第一种姿势　b)第二种姿势

图 8-8 内曲面的刮削

3. 外曲面的刮削姿势

外曲面的刮削姿势如图 8-9 所示,两手捏住平面刮刀的刀身,用右手掌握方向,左手加压或提起。刮削时刮刀面与工件端面倾斜角约为 30°,也应交叉刮削。

4. 曲面刮削的要点

(1)刮削有色金属(如铜合金)时,显示剂可选用蓝色油墨,精刮时用蓝色油墨或用黑色油墨,使显点色泽分明。

(2)研点时应沿曲面作来回转动,精刮时转动弧长应小于 25mm,切忌沿轴线方向作直线研点。

(3)曲面刮削的切削角度和用力方向如图8-10所示:粗刮时前角大些,精刮时前角小些;蛇头刮刀的刮削与平面刮刀刮削一样,是利用负前角进行切削。

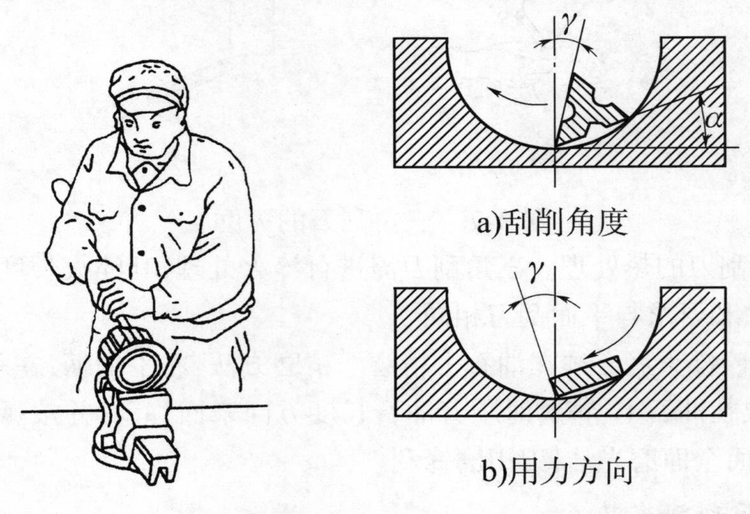

图8-9　外曲面的刮削　　图8-10　曲面刮削的刮削角度

(4)内孔刮削精度的检查,也是以25mm×25mm面积内接触点数而定,一般要求是中间点可以少些,前、后端点多些。

5. 注意事项

(1)操作姿势要正确。

(2)练习中要不断探索并掌握好刮削动作要领和用力技巧,以达到不产生明显的振痕和起、落刀印迹。

(3)注意刮点准确性。

三、实训组织

本实训所用学时为2学时,每4位学生1个工位。

四、实训准备

准备刮刀、砂轮机、平板等,钳工实训场所设备应配备应齐全。

五、安全事项

(1)不能将刮刀插在口袋中。

(2)不能使用没有刀柄的刮刀。

(3)不能用嘴吹刮屑。

(4)不能用手直接清除刮屑。

(5)在砂轮机上修磨刮刀时,应该站在砂轮机的侧面,压力不能过猛。

(6)工件表面与标准板平面互相接触时,应当尽量得轻,而且要平稳,防止损坏标准板的棱角和表面。

(7)刮削有孔的平面时,刮刀不能跨过孔口,只能沿着周围刮削,否则容易使孔口处刮的过低,影响整个加工面。

(8)刮削工件的边缘时,刮削方向不能与边缘相垂直,应该与边缘相交成45°或者60°角度进行。

(9)进行刮削时,刮刀的运动方向应该垂直于刀刃,不能顺刀刃移动,以免划伤表面而产生刀痕,影响表面质量。

(10)推研工件时,应该均匀使用平板表面,防止表面出现局部凹下的现象。

六、实训内容

(1)刮刀的刃磨。

(2)手刮法练习。

(3)曲面刮削练习。

七、实训步骤

1.平面刮刀的刃磨

(1)将锻造的刮刀在砂轮上磨去锐棱与锋口。

(2)在砂轮上粗磨刮刀平面和顶端面。

(3)热处理淬火。

(4)在砂轮上细磨刮刀平面和顶端面。

(5)在油石上精磨平面和顶端面。

(6)试刮工件,如刮出的工件表面有丝纹,不光洁,应重新修磨。

2.手刮法练习

(1)来料检查,倒角去毛刺,不加工面刷漆。

(2)粗刮。首先采用连续推刮方法,刀迹宽长连成片,不可重复,纹路交叉地去除机加工痕迹,然后涂色显点刮削,达到每25mm×25mm面积上有4~8点,且显点分布均匀。

(3)细刮。达到细刮刀迹长度宽和点数的要求,应无明显丝纹、振痕等;接触点数在每 25mm × 25mm 面积上有 8 点以上。刮削时应对硬点刮重些,软点刮轻些,纹路交叉,点子清晰均匀。

3. 曲面刮削练习

(1)粗刮。练习姿势和力量,根据配合轴颈研点作大切削量的刮削,使接触点均匀。如加工件有尺寸要求,应控制加工余量,以保证细刮和精刮达到尺寸精度要求。

(2)细刮。练习挑点,控制刀迹的长度、宽度以及刮点的准确性,要求达 90%。

(3)精刮。达到形位和尺寸精度要求,接触点数在每 25mm × 25mm 面积上有 8 ~ 12 点。点的分布要求:在工件中间少些,点要清晰,表面粗糙度 $Ra \leqslant 1.6\mu m$,无丝纹、无振痕、无明显落刀痕。

八、实训成果

(1)通过本实训,来检验是否能够正确使用刮刀对工件进行加工。

(2)通过本实训,来检验是否能够正确检测已加工表面的表面质量。

九、实训考评

刮削实训考评记录表见表 8-3。

刮削实训考评记录表　　表 8-3

班级:________　学号:________　姓名:________

序号	考评内容	分值	评分标准	得分	扣分原因
1	能根据加工工件正确选择和使用刮刀	5 分	选择错误或使用错误 1 件/次,扣 2 分		
2	刮刀刀柄的正确更换和安装	5 分	安装错误,扣 5 分		
3	刮削时工件的定位	10 分	工件定位不当,扣 10 分		
4	平面刮削时的姿势和刮削方法	10 分	姿势不当,扣 5 分; 方法不当,扣 5 分		

续上表

序号	考评内容	分值	评分标准	得分	扣分原因
5	曲面刮削时的姿势和刮削方法	10 分	姿势不当,扣 5 分;方法不当,扣 5 分		
6	刮刀的刃磨	15 分	姿势不当,扣 5 分;方法不当,扣 10 分		
7	刮削后花纹的观察	10 分	根据花纹整齐情况得分		
8	刮削加工后工件的表面质量的检查	25 分	根据工件表面精度的情况得分		
9	操作中的安全、文明生产	10 分	违章操作,视情节扣分		
10	成绩总评				

教师评语:

教师签名:________

日　　期:________

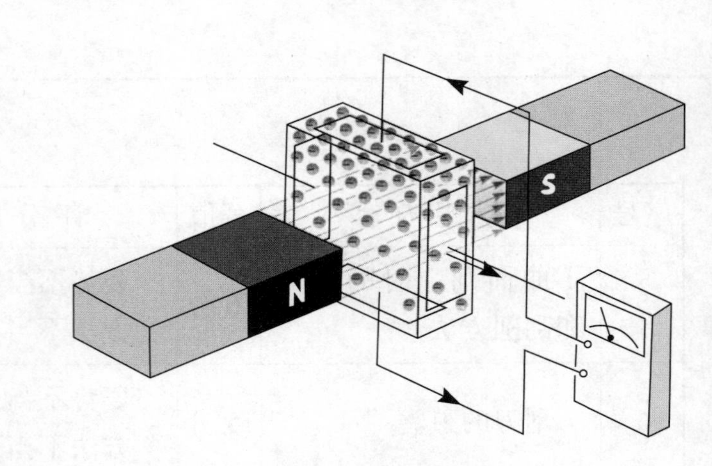

实训九

综合作业

一、手工加工钣金工手锤

1. 加工图样

加工手锤图样见图 9-1。

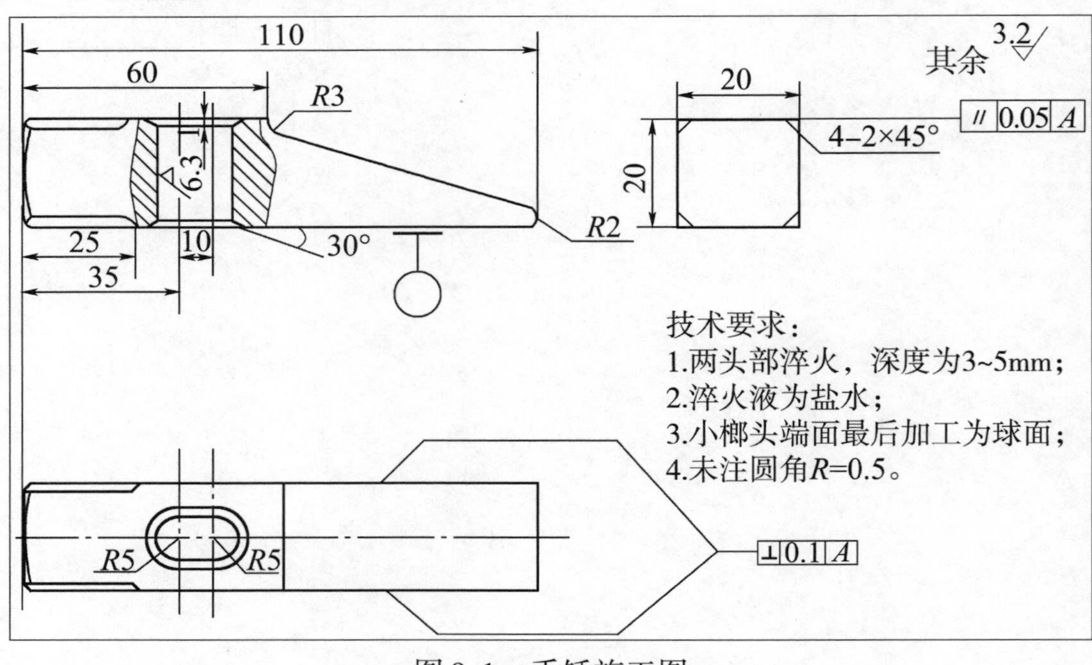

图 9-1　手锤施工图

2. 钳工实训工艺卡

工艺卡见表9-1。

工 艺 卡　　表9-1

实　训	复 合 作 业	目的与要求
工件名称	手工加工钣金工手锤	熟练地应用钳工常用工具、量具进行划线、錾削、锯削、锉削、钻孔操作，提高尺寸精度观念。形状正确，轮廓清晰，尺寸符合图样要求
材料	35 钢或 45 钢	
计划工时	25h	
完成件数	1 件	
备注		

3. 操作步骤

操作步骤见表9-2。

操 作 步 骤　　表9-2

步骤	操　作	简　图	说　明
1	下料	$\phi32$　112	用 35 钢或 45 钢 $\phi32$ 棒料，锯下长度 $L=112$mm
2	锯削一面做基准	19	将棒料锯削一平面，宽度为 19mm
3	锉削加工平面	20	将锯削的平面进行锉削加工，作为后面加工过程的基准；用刀口尺检查平面度

续上表

步骤	操　　作	简　　图	说　　明
4	划线作业	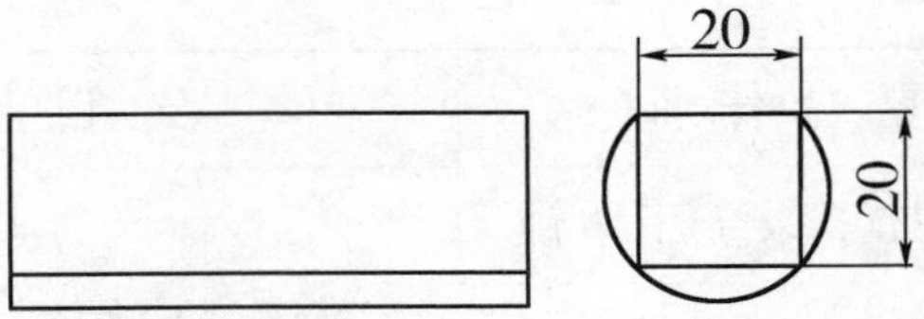 20 20	以加工好的平面为基准,划出端面为正方形:20mm × 20mm
5	锯削加工	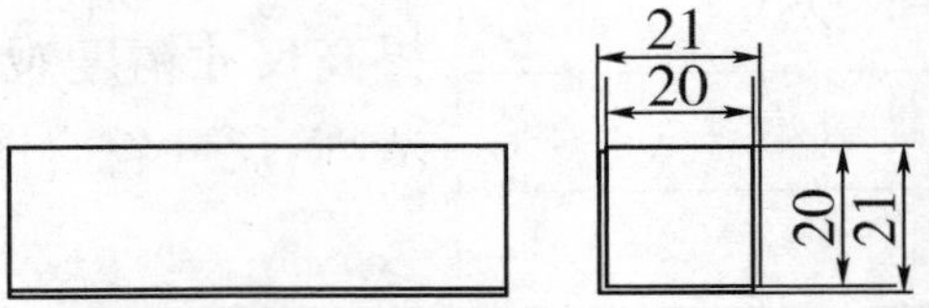 21 20 20 21	锯削成 21mm × 21mm 的四棱柱,留出锉削加工余量 $\Delta = 1$mm
6	锉削加工	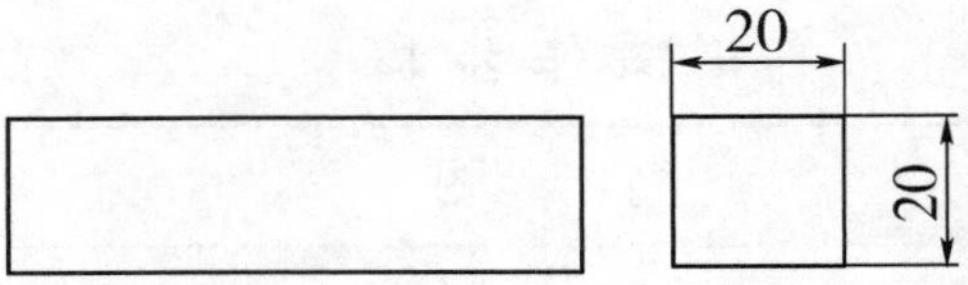 20 20	锉削加工六面体,并用刀口尺和角尺测量平面度和垂直度保证端面为 20mm × 20mm 的正方形
7	錾削	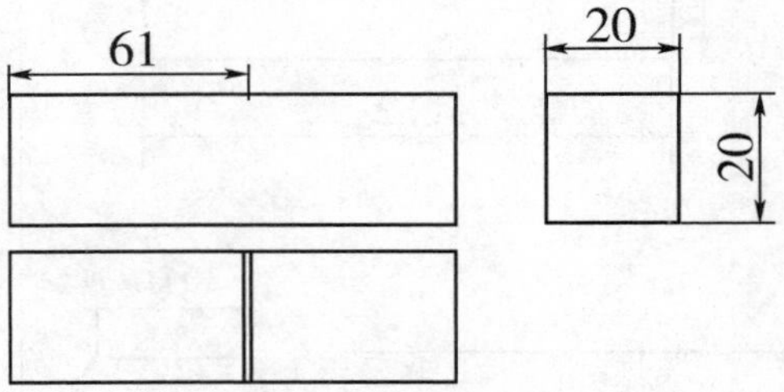 61 20 20	在 61mm 处,錾削 2 ~2. 3mm深凹槽
8	划线	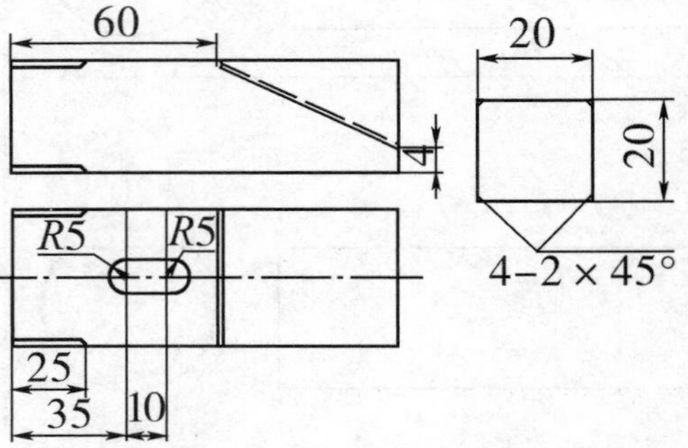 60 4 R5 R5 25 35 10 20 20 4-2 × 45°	划各加工线,在平台上工件以纵向平面和锉平的端面定位,按简图所示尺寸划线并打样冲眼

续上表

步骤	操　　作	简　　图	说　　明
9	锯斜面	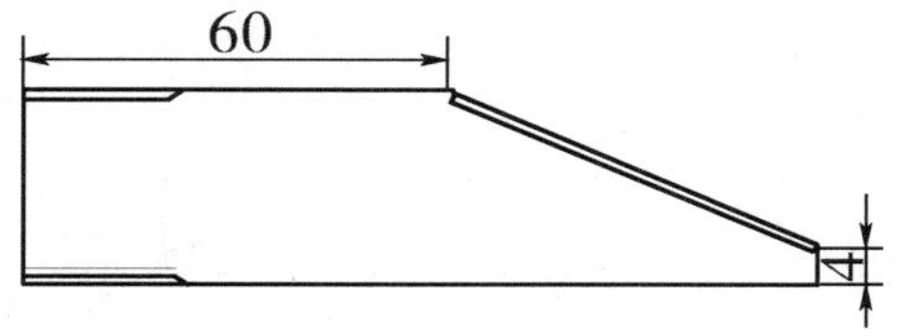 60 4	按上图中的尺寸虚线锯削
10	锉斜面	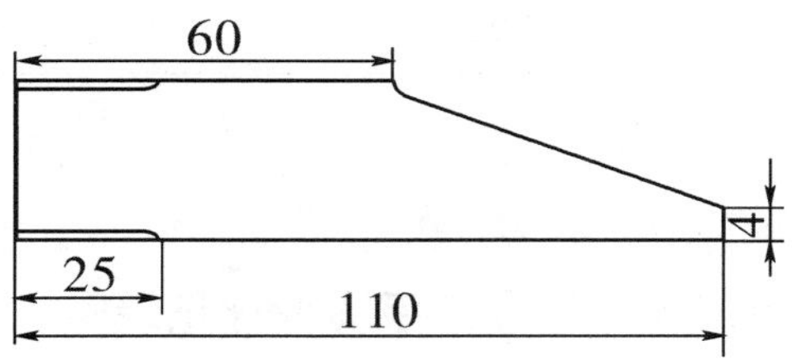 60 4 25 110	按图锉斜面,在斜面与平面交界处锉出过渡圆弧,把斜面端部锉至110mm;并锉出 $2\times45^{\circ}$ 倒角,25mm 端部圆滑过渡
11	钻孔	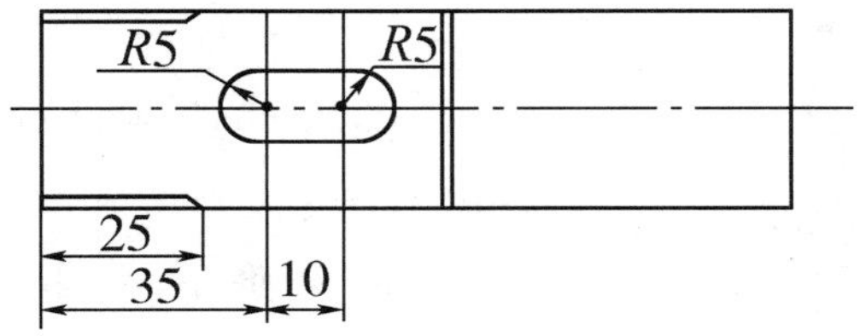 *R*5　*R*5 25 35　10	按划线在 *R*5 中心处钻两孔,φ9.5mm
12	锉长形孔	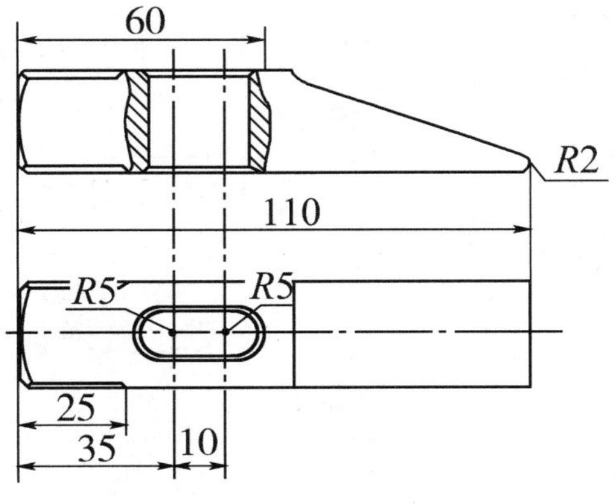 60 *R*2 110 *R*5　*R*5 25 35　10	用小圆锉或什锦锉锉长形孔和 $1\times30^{\circ}$ 倒角,锉修 *R*2,锉修手锤端面为球面为 SR50mm
13	修正光磨	同上图	用油光锉和砂纸修正和光磨
14	检验打号	同上图	进行尺寸检验和表面检验,打学号

续上表

步骤	操　作	简　图	说　明
15	两端进行局部淬火	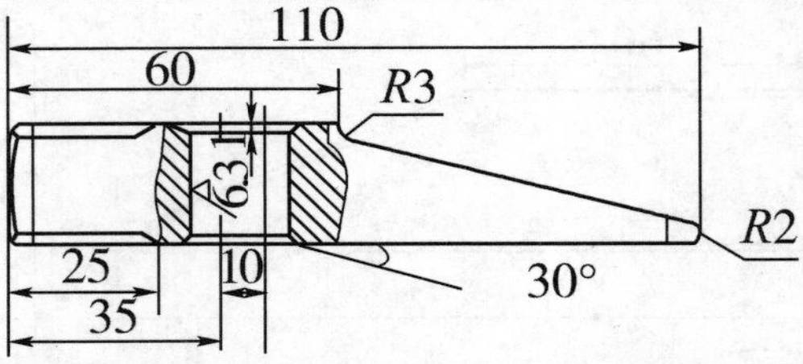 110 60 R3 6.3 R2 25　10　30° 35	淬火深度为3～5mm
16	打磨	同上图	可以看出淬火深度

4.实训考评

手工加工钣金工手锤考评表见表9-3。

手工加工钣金工手锤考评记录表　　表9-3

班级:______　学号:______　姓名:______

序号	考评内容	分值	评分标准	得分	扣分原因
1	能根据图样要求正确选择材料并准确下料	10分	不能准确选择材料,扣10分; 不能准确下料,扣5分		
2	锯割加工后工件的尺寸误差≤±0.5mm	10分	尺寸超过误差,扣10分		
3	锉削加工后工件的平面度≤±0.15mm	10分	尺寸超过误差,扣10分		
4	划线的尺寸误差应该在±0.5mm	5分	一处尺寸出现误差超标,扣5分		
5	錾削后,工件上的錾口是否圆整	5分	根据錾口的平整度得分		
6	钻孔的操作	10分	冲眼位置不当,扣5分; 钻孔方法不当,扣10分		

续上表

序号	考评内容	分值	评分标准	得分	扣分原因
7	工件最终检查	40 分	尺寸标准不符合图样要求,扣 40 分; 垂直度不符合要求每处扣 10 分; 表面粗糙度视实际情况扣分		
8	操作中的安全、文明生产	10 分	违章操作,视情节扣分		
9	成绩总评				

教师评语:

教师签名:________

日　　期:________

二、手工加工六方螺母

1. 加工图样

加工图样见图 9-2。

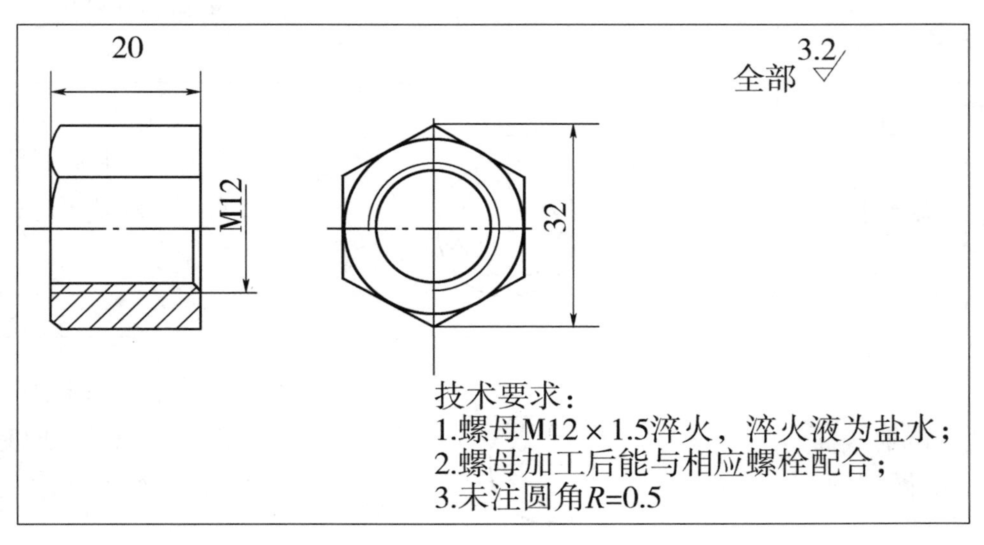

图 9-2　螺母施工图

2. 钳工实训工艺卡

工艺卡见表9-4。

工 艺 卡 表9-4

实 训	复合作业	目的与要求
工件名称	手工加工六方螺母	熟练地应用钳工常用工具、量具进行划线、锯削、锉削、钻孔操作,提高尺寸精度观念。形状正确,轮廓清晰,尺寸符合图样要求
材料	35 钢或45 钢	
计划工时	10h	
完成件数	1 件	
备注		

3. 操作步骤

操作步骤见表9-5。

操作步骤 表9-5

步骤	操 作	简 图	说 明
1	下料	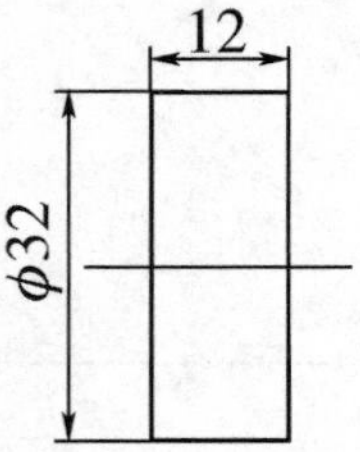 12 φ32	用35 号或45 号钢 ϕ32 棒料,锯下长度 L = 20mm
2	划线作业	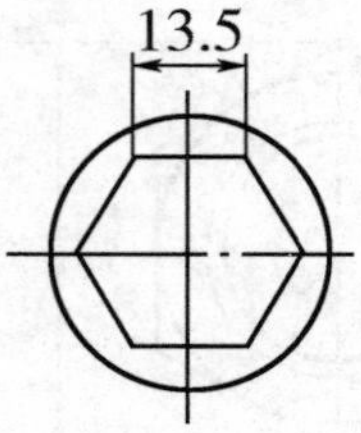 13.5	在棒料端部涂红丹,划六边形,边长为13.5mm
3	锯削一面做基准	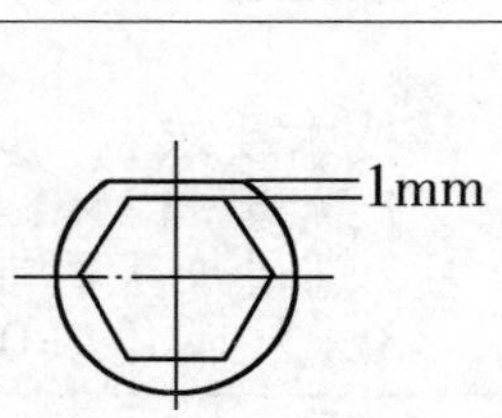 1mm	将棒料锯削一平面,距离所划线约1mm;作为锉削加工余量

续上表

步骤	操作	简图	说明
4	锉削加工平面	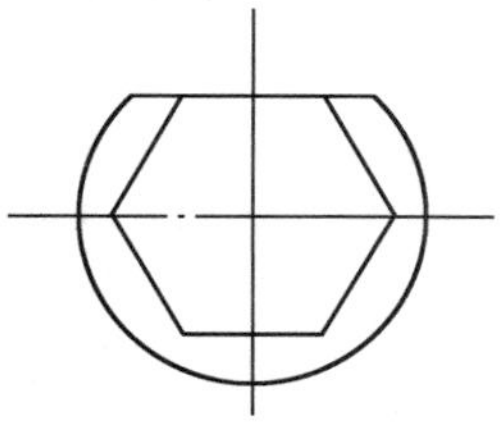	将锯削的平面进行锉削加工，作为后面加工过程的基准；用刀口尺检查平面度
5	锯削加工	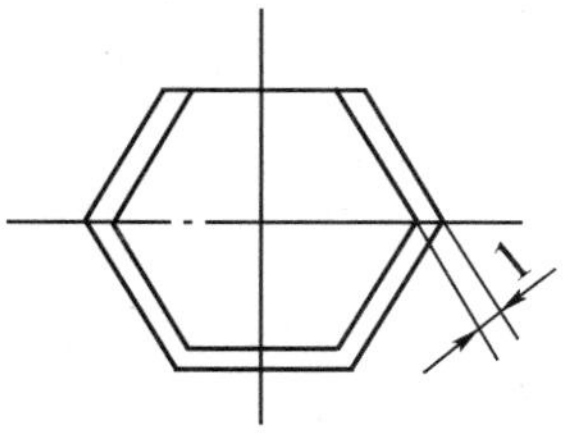 1	锯削成六方体，留出锉削加工余量 $\Delta = 1\text{mm}$
6	锉削加工	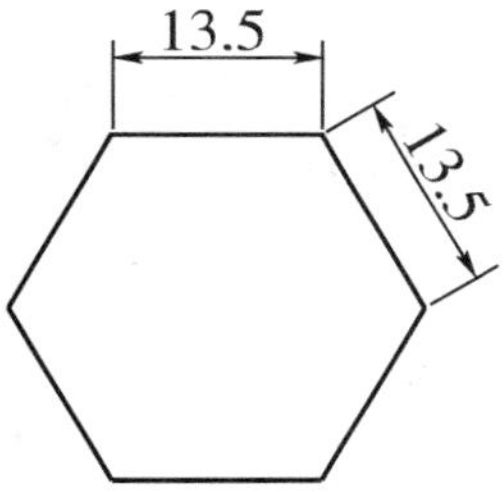 13.5 13.5	锉削加工六面体，并用刀口尺和万能角度尺测量平面度和相邻端面的夹角，保证六方体的正确
7	钻孔	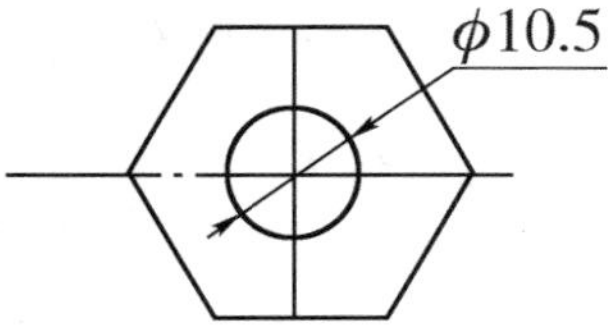 ϕ10.5	在六方体的中心钻孔，ϕ10. 5mm（计算所得）
8	攻螺纹	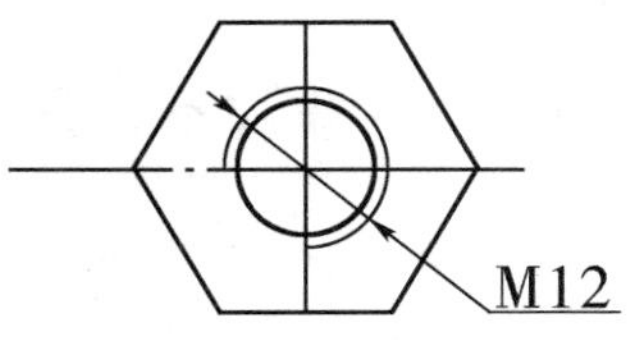 M12	按照攻螺纹的要求用丝锥在六方体上攻螺纹
9	修正光磨	同上图	将端面倒圆角，用油光锉和砂纸修正和光磨
10	检验打号	同上图	进行尺寸检验和表面检验，打学号

4. 实训考评

手工加工六方螺母考评记录表见表9-6。

手工加工六方螺母考评记录表　　表9-6

班级:________　学号:________　姓名:________

序号	考评内容	分值	评分标准	得分	扣分原因
1	能根据图样要求正确选择材料并准确下料	5分	不能准确选择材料,扣5分; 不能准确下料,扣5分		
2	锯割加工后工件的尺寸误差≤±0.5mm	10分	尺寸超过误差,扣10分		
3	锉削加工后工件的平面度≤±0.15mm	10分	尺寸超过误差,扣10分		
4	划线的尺寸误差应该在±0.5mm	5分	一处尺寸出现误差超标,扣5分		
5	钻孔的操作	10分	冲眼位置不当,扣5分; 钻孔方法不当,扣10分		
6	螺纹质量的检验	10分	螺纹不整齐不得分		
7	工件最终检查	40分	尺寸标准不符合图样要求,扣40分; 垂直度不符合图样要求每处扣10分; 表面粗糙度视实际情况扣分,扣分不超过10分		

续上表

序号	考评内容	分值	评分标准	得分	扣分原因
8	操作中的安全、文明生产	10分	违章操作,视情节扣分		
9	成绩总评				

教师评语:

教师签名:________

日　　期:________

三、手工加工制作直角尺

1. 加工图样

加工图样见图9-3。

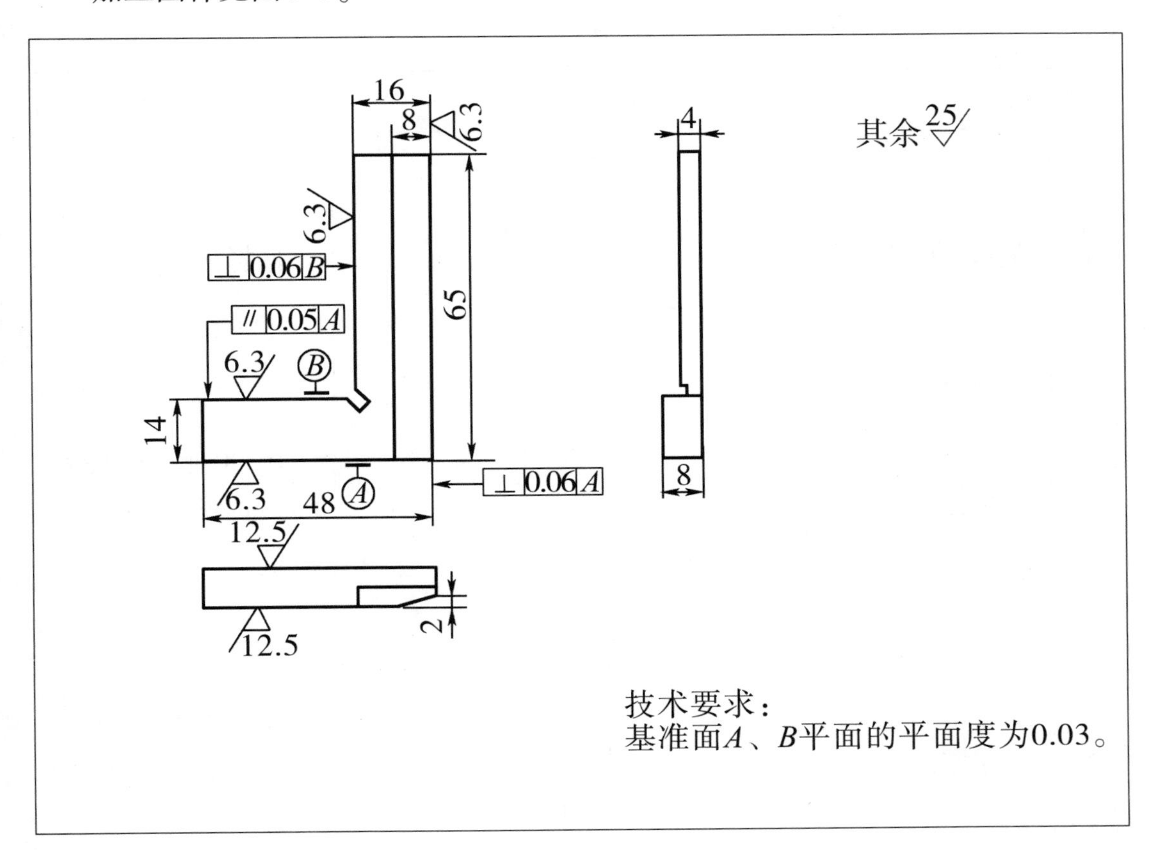

图9-3　直角尺施工图

2. 钳工实训工艺卡

工艺卡见表9-7。

工 艺 卡 表9-7

实 训	复合作业	目的与要求
工件名称	手工加工直角尺	熟练地应用钳工常用工具、量具进行划线、锯削、锉削,提高尺寸精度观念。形状正确,轮廓清晰,尺寸符合图样要求
材料	35 钢或45 钢	
计划工时	15h	
完成件数	1 件	
备注		

3. 操作步骤

操作步骤见表9-8。

操 作 步 骤 表9-8

步骤	操 作	简 图	说 明
1	划线,下料	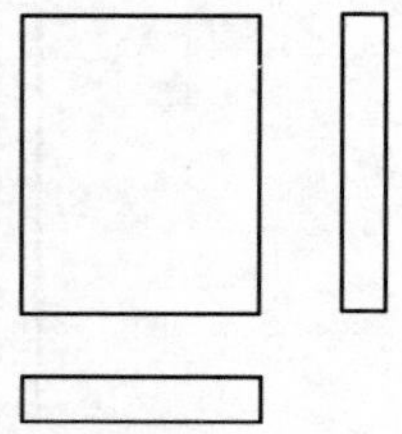	选择方钢,划线
2	锯削	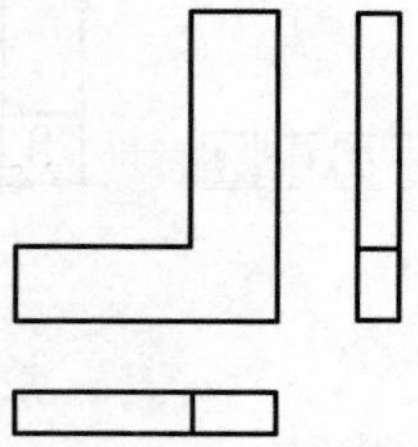	按照划线位置锯削,注意预留加工余量
3	锯削	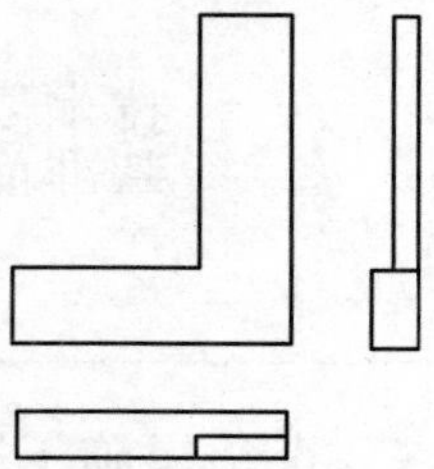	按照图形要求锯削,注意留出锉削余量

续上表

步骤	操　　作	简　　图	说　　明
4	锉削		按照图形要求锉削出斜面
5	锯削		把两根锯条安装在一起装在锯弓上，锯出两个工艺槽，工艺槽的深度、宽度不要求，但是工艺槽与两个工作面均成45°角
6	锉削加工	—	加工基准面 *B*，用刀口尺检测平面度
7	锉削加工	—	加工基准面 *A*，用刀口尺检测平面度
8	检测	—	用游标卡尺检测基准面 *A*、*B* 之间的距离应该符合要求
9	锉削加工	—	锉削加工两个被测表面，并用直角尺检测被测表面与基准面之间的垂直度应该符合要求

续上表

步骤	操　　作	简　　图	说　　明
10	细加工	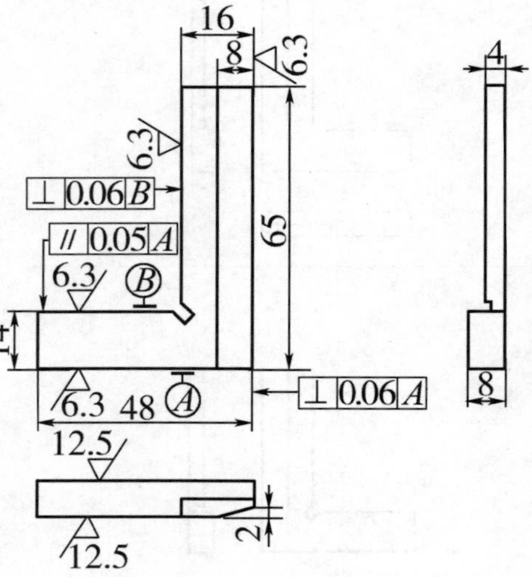 16 8 6.3 4 6.3 ⊥ 0.06 B // 0.05 A 65 6.3 B 14 6.3 48 A ⊥ 0.06 A 8 12.5 2 12.5	用细板锉修整基准面 *A*、*B*，使其平面度和表面粗糙度符合要求；修整被测表面使其平面度、表面粗糙度和垂直度符合要求

4. 实训考评

手工加工制作直角尺考评记录表见表9-9。

手工加工制作直角尺考评记录表　　　表9-9

班级：＿＿＿＿＿＿　　学号：＿＿＿＿＿＿　　姓名：＿＿＿＿＿＿

序号	考评内容	分值	评分标准	得分	扣分原因
1	能根据图样要求正确选择材料并准确下料	5分	不能准确选择材料，扣5分；不能准确下料，扣5分		
2	锯割加工后工件的尺寸误差≤±0.5mm	10分	尺寸超过误差，扣10分		
3	锉削加工后工件的平面度≤±0.15mm	10分	尺寸超过误差，扣10分		
4	划线的尺寸误差应该在±0.5mm	5分	一处尺寸出现误差超标，扣5分		

续上表

序号	考评内容	分值	评分标准	得分	扣分原因
5	工件最终检查	60分	尺寸标准不符合图样要求扣60分； 垂直度不符合图样要求每处扣10分； 垂直度不符合图样要求每处扣10分； 表面粗糙度视实际情况扣分，扣分不超过30分		
6	操作中的安全、文明生产	10分	违章操作，视情节扣分		
7	成绩总评				

教师评语：

教师签名：________

日　　期：________

参 考 文 献

[1] 景朝晖,黄发望.钳工基础实训[M].北京:中国电力出版社,2020.
[2] 冯斌.钳工技术基础与实训[M].北京:机械工业出版社,2016.
[3] 鲍光明.钳工实训指导[M].合肥:安徽科学技术出版社,2011.
[4] 张利人.钳工技能实训[M].北京:人民邮电出版社,2014.
[5] 柴增田.钳工实训[M].北京:机械工业出版社,2007.
[6] 张翼.钳工实训指导[M].哈尔滨:哈尔滨工程大学出版社,2007.